석유식량의 종언

Eating Fossil Fuels

석유식량의 종언

전 지구적 기근은 인류의 예정된 미래다

데일 앨런 파이퍼
김철규 · 윤병선 옮김

KOREA
UNIVERSITY
PRESS
고려대학교
출판문화원

이 책은 2013년 정부(교육부)의 재원으로 한국연구재단의 지원을 받아 수행된 연구임(NRF-2013S1A3A2055243).

사랑하는 아내 엘리자베스 앤 파이퍼에게.
당신의 지지가 없었다면
나는 오래전에 이 작업을 포기했을 것이다.
그리고 당신의 긍정적인 격려가 없었다면
아마 나는 비관의 늪에 빠졌을 것이다.

감사의 말

이 책을 쓰는 데 도움을 준 모든 과학자들, 공학자들, 그리고 연구자들에게 감사의 말을 전한다. 특히 데이비드 피멘틀, 콜린 J. 캠벌, 장 라에레르, 리처드 던컨, 월터 영퀴스트, 마리오 잠피에트로, 샌드라 포스탈, 리처드 피로그, 토니 보이즈, 데이비드 폰 히펠, 피터 헤이즈, M. 싱클레어, M. 톰슨 등에게 고맙게 생각한다. 또한 이 책의 대행인 역할을 해 준 존 T. 하이넨과 베스 베이커의 도움에 대해서도 감사한다. 그들의 도움이 없었다면 이 책은 출판될 수 없었을 것이다.

발 문

올봄 뉴욕에서 개최되었던 피크 오일 학회에서 데일 앨런 파이퍼(Dale Allen Pfeiffer)를 만난 것은 행운이었다. 그의 사실적인 수치에 기반한 발표와 전 지구적 공동체가 직면한 도전에 대응하기 위해 필요한 방안에 대한 분석에 감명을 받았던 것을 기억한다. 중심 주제는 지역 차원의 대응이었으며, 데일은 식품, 에너지, 주택, 물, 그리고 경제라는 일반적인 주제와 관련된 지역 수준의 다양한 대응책에 대해 발표를 했다. 그리고 이런 주제들이 이 책의 핵심적인 초점이다.

이후 데일의 피크 오일에 관한 오랜 연구와 그것이 가진 폭넓은 함의를 통해 일반 대중들에게 경각심을 갖도록 하려는 그의 노력에 대해 알게 되었다. 필요한 대응책에 대한 평가에 있어 우리가 서로 기반을 공유한다는 사실은 고무적이었다. 그는 지질학과 탐사의 실제와 그것이 우리의 화석연료의 미래에 대해 의미하는 것이 무엇인지에 대해 내게 많은 것을 가르쳐 주었다. 2003년 다른 부처들은 주차장에서 불에 타고 약탈된 파일의 잔재를 불도저로 치우고 있는 상황에서 미군이 바그다드의 석유부(Oil Ministry)를 보호하는 것을 보고 외교정책 과정에 대한 석유화학 산업의 영향력과 이에 따른 행위가 인간에게 미치는 영향에 대해 얼마간 알게 되었다.

나는 현재의 상황을 생태학적 배경과 국제 재난 대응 및 '개발' 영역에서의 경력을 바탕으로 접근한다. 내가 처음으로 국제 원조 관련 일을 한 것은 1992–95년 이라크 북부지역에서였다. 1990년대 원조에 대한 풀뿌리 차원에서의 반응 유형들에 대한 관찰의 결과 나는 1999년 인간, 환경, 그리고 디자인을 전체론적으로 통합할 수 있는 체계를 찾아 나서기로 했다. 우리가 했던 일들이 대부분 '해법'을 제공하는 국가들의 문화에서 추출된 지속가능하지 않은 체계를 반영하는 것이거나 아니면 간단히 말해 통합적 디자인 시각이 부족하다는 점에 대해 우려하게 되었다. 이렇게 해서 나는 첫 번째 영속농업(permaculture) 수업을 듣게 되었는데, 이는 영속농업의 창시자인 빌 몰리슨(Bill Mollison)에 의해 개발되어 1980년대에 사용되고 이후 다른 여러 사람들에 의해 개정된 커리큘럼에 기반한 72시간짜리 집중형 수업이었다.

영속농업은 영속(**perma**nance)과 농업/문화(agri**culture**) 두 단어의 조합인데, 영속농업 없이는 진정한 문화도 없다. 그것은 자연 생태계가 가지는 복원력, 다양성, 그리고 안정성을 생산체계를 만들기 위한 모델로 활용하는 디자인 과학이라고 할 수 있다. 지구 돌봄, 사람 돌봄, 그리고 잉여의 반납(공정한 나눔)이라는 근본적 윤리에 바탕을 두고, 영속농업은 과학을 자연에서 추출된 핵심적 원리들과 연결한다. 좋은 디자인의 결과는 핵심적인 기능이나 필요에 대해 상호 지원적인 체계를 만들기 위해 자원을 효율적이고 조화롭게 활용함으로써, 우리의 생태 발자국을 최소화하는 것이다. 이와 같은 새로운 디자인을 위해서는 이 책에서 강조하고 있는 에너지 함수에 대한 이해가 매우 중요하다.

지속가능한 체계는 그 생애 과정 동안 그 자신을 유지하고 개발하는 데 필요한 에너지를 생산하는 것이다. 농업의 맥락에서 이는 체계가 적극적으로 토양을 새로 만들어 내며, 생태체계의 기능적 역할들을 지원한다는 의미에서 '생태체계적'이어야 한다는 것을 의미한다. 오늘날 널리 유행하고 있는 넓은 규모의 산업적 농업은 이 책의 1-4장에서 보여 주듯, 생산물의 질, 에너지 사용, 환경 영향 등의 측면에서 균형을 잃어버렸다. 자연스러운 규모를 벗어나서 경작을 하게 되면 우리 체계는 에너지의 측면에서 혼란에 빠지며 손상된다. 마찬가지로 자연의 형식과 조화를 이루면 풍요로 돌아갈 수 있다.

다품종의 혼합적 생산체계를 통해 평방 피트당 3-10파운드의 먹거리를 생산할 수 있게 디자인하는 것은 쉬운 일이다. 이 생산량은 현재의 산업적 농업을 통한 것보다 몇 배나 많은 것이지만 디자이너이자 노동자로서의 사람의 역할을 더 많이 필요로 하며, 생물학적 체계와의 조화를 요구한다. 이는 농지를 자연적으로 물의 기능 및 양분 함유를 극대화하도록 만들고, 체계 내에 질소 고정형 콩과 식물을 활용하고, 1년생 작물이 아니라 나무 및 다년생 식물을 주경작 작물로 심는 것 등을 통해 가능하다. 이러한 일을 하는 '비법'은 어느 특정한 한 가지에 있는 것이 아니라 전체 디자인 내에서 기능적 요소들을 조화롭게 연결하는 데 있다. 즉 시간과 공간 속에서 식물의 기능을 유지하고, 상호적으로 도움을 주는 식물들의 조합을 활용하는 것이 필요하다. 그것은 또한 땅의 유기 폐기물들이 토양 순환 체계로 되돌아가도록 하기 위해, 덮개를 사용해서 토양을 최대한 덜 노출시킴으로써 토양 내에서 균형 잡힌 건강한 생명체들이 활성화되도록 적극적으로 지원하는 것을 포함한다.

지구 인구의 50%가 도시에 살게 되면서 먹거리, 섬유, 그리고 원자재를 도시로 보내야 할 필요가 높아졌다. 데일이 명확하게 지적하는 바와 같이, 미국 도시의 상당수 인구(그리고 농촌의 많은 더 많은 인구)는 지역 먹거리 생산 및 네트워크의 부족 때문에 먹거리를 보장받지 못하고 있다. 도시인들에 대한 문제 해결 방안은 유기물과 인분을 생태지역의 생육체계로 되돌리는 것, 공지와 녹색 공간에 다년생 작물과 나무를 늘리는 것, 건축 구조물의 수직 공간을 활용해서 식물을 재배하는 것, 그리고 특수한 도시 환경 속에서 만들어지는 미세 기후 속에서 어떻게 경작할 것인가를 이해하는 것 등을 포함한다. 물은 최단 경로로 체계에서 빠져나가도록 하는 방식이 아닌 연못이나 생육 체계로 이동하도록 해야 한다.

영속농업은 우리의 첫 번째 과제가 우리 자신, 우리가 사랑하는 사람들, 그리고 우리의 필요를 충족시키는 방식에 대해 책임감을 가져야 하는 것임을 가르쳐 준다. 우리 자신의 필요를 충족시키는 일에 적극적으로 참여하고, 더 넓은 지역사회와 연계하는 일은 그러한 인식의 당연한 결과이다. 이 책의 마지막 장이 제공하는 도구들은 좋은 출발점을 제공해 준다. 우리 몸의 세포들이 환경 및 다른 요인들에 대한 인식을 공유하고, 반응하는 데 협력함으로써 함께 더 현명해진 것처럼(Bruce Lipton, 2005, 《믿음의 생물학(The Biology of Belief)》), 거시적 수준에서 우리의 도전도 동일한 작업을 해야 한다.

우리가 하는 일이 생태적 유형에 맞는 것이고, 인간의 공동체와 함께하는 것이며, 적절한 곳에서 공유되고 적용되며 반복된다면, 우리가 그것을 무엇이라 부르든 상관없다. 그것은 우리의 절박한 과제이며, 우리가 함께 공유하고 적용해야 할 검증된 해결책으로 향유할 수 있을 것이다. 그러한 공유는 장소와 그 장소에 살고 있는 생명체들과의 유의미한 관계를 맺는 방식으로 자원들을 조직하는 생태지역 모델을 활용함으로써 실현될 수 있다. 또한 유사한 기후 지역에 걸쳐 더 넓은 기후 디자인 모델을 적용할 수도 있다. 이런 방식으로 지역에서 활동하는 데 힘을 낼 수 있고, 우리의 모델을 적절한 곳에서 지구적으로 공유할 수 있을 것이다.

2006년 7월
바하 캘리포니아 수르(Baja California Sur)에서
앤드류 존스(Andrew Jones)

들어가며

1960년대에 시작된 녹색혁명(Green Revolution)은 세계의 기아문제를 해결하지 못했다. 그보다는 식량 생산을 산업으로 전환시켰으며, 거대 농산업 기업이 등장할 수 있도록 소규모 농장들의 통폐합을 가능하게 했다. 이렇게 생산된 풍부한 값싼 식량은 세계의 기아를 완화시키는 데 아무 기여를 하지 못했지만, 지구의 수용능력을 훨씬 넘어 인구가 증가하는 데 기여했다.

녹색혁명은 앞에 언급된 것을 가능하게 했는데, 이는 식량 생산의 화석연료에 대한 엄청나게 높은 의존도를 전제로 한 것이었다. 1980-90년대, 그리고 새로운 세기에 진행된 식량 생산의 세계화는 지역 농업(localized agriuculture)을 파괴하는 작업을 마무리지었다. 세계화는 특정 지역에서 제철이 아닌 곡물이나 이국적인 음식을 먹을 수 있게 해 준다. 그러나 이는 식량보장

(food security)을 더욱 취약하게 한다. 만약 세계의 식량 무역이 내일 중단된다면, 우리는 더 이상 먹을 것이 없는 상태가 될 것이다.

녹색혁명과 식량 생산의 세계화는 저렴하고 풍부한 탄화수소(hydrocarbon) 에너지인 석유와 천연가스의 존재 덕분에 활성화되었다. 곡물에게 주는 비료는 천연가스로 만들어지며, 파괴적인 병충해로부터 우리의 단작 곡물을 보호해 주는 살충제는 석유로부터 추출된다. 곡물의 씨앗을 뿌리고, 관리하고, 수확하고, 가공하고, 그리고 시장으로 운반하는 모든 과정에 석유와 천연가스가 사용된다.

산업형 농업의 집약적인 영농방식은 토지의 영양 물질을 급속하게 빼앗아가고, 쉽게 접근할 수 있는 수자원을 고갈시킨다. 이에 따라 탄화수소물에 기반한 농자재의 투입이 증가하며, 에너지-집약적인 관개방식이 강화된다. 탄화수소물이 없다면 세계의 많은 농지가 비생산적이 될 것이다.

하지만 탄화수소물은 재생 가능하지 않은 자원이며, 2010년을 전후하여 세계 탄화수소물 생산이 정점에 달한 뒤 지속적으로 감소할 것이라는 증거들이 계속 제시되고 있다. 피크 오일의 농업 체계에 대한 영향은 재앙적일 수 있다. 탄화수소물 생산의 비용이 증가함에 따라 식량은 다수의 사람들이 감당하기 힘들 정도로 높은 가격으로 인상될 수 있다. 당신의 이웃을 포함해서 세계의 모든 곳에서 기아가 일반화될 수 있다.

해결책은 농업을 재지역화(relocalize)하는 데 있다. 우리는 지역 식량 생산의 하부구조를 재구축해야 한다. 농산업 기업들은 이런 일을 해 주지 않을 것이며, 그들의 고객인 정부는 문제를 인정하지 않을 것이다. 풀뿌리 운동의 활성화를 통해 지역 농업을 다시 소생시키는 일은 우리의 몫이다. 이 책은 먹거리 생산을 다시 지역화하기 위해 필요한 노력의 일부를 보여 줄 것이며, 이 목표를 위해 이미 노력하고 있는 당신 지역의 조직과 협동조합을 소개할 것이다.

만약 우리가 풀뿌리 지역 농업운동을 일굴 수 있다면 앞으로 다가올 탄화수소물 생산 감소에 대해 일정한 안정판을 만들 수 있다. 지속가능한 농업을 추진하는 가운데, 인구가 지구의 수용능력 이하에 도달할 때까지 고통을 최소화하면서 인구수를 감소시킬 수 있을 것이다.

그런 점에서 내가 말하려는 것은 근본적인 다이어트 계획이며, 이 책은 근본적인 다이어트 관련서이다.

2006년 3월
켄터키 어바인에서
데일 앨런 파이퍼

차례

1

식량=에너지+영양물질

살아 있는 모든 것은 에너지에 의존하며, 에너지는 음식원에 의해 채워진다. 에너지가 없으면 우리 몸은 문자 그대로 진이 다 빠질 것이다. 식물은 광합성이라는 기적을 통해 태양으로부터 직접 에너지를 공급받는다. 식물의 세포는 엽록소를 활용해서 태양의 에너지를 탄수화물로 만들며, 에너지는 탄수화물의 분자결합(molecular bond)에 저장되었다가 생물 활동에 사용된다. 이어 동물들은 식물을 먹거나 식물을 섭취한 동물을 먹어야만 산다. 그리고 생태계의 분해자인 박테리아나 버섯균류는 유기퇴적물과 동식물의 시체를 먹고 산다. 어쩌면 뒤얽힌 관계망을 가진 이 놀랍고 복잡한 생명계는 태양 에너지를 중심에 둔 단순한 순환체계라고 할 수 있다.

수백만 년 전 공룡 시대 즈음 지구 온난화 시기에 태양 에너지가 바다에 거대한 해조류 매트를 발생시켰다. 이것들은 자기 복제와 태양 에너지의 탄수화물 전환에 몰두하는 단세포 식물에 의한 거대한 식민지였다. 수세기에 걸쳐 죽은 조류가 바다 밑바닥에 가라앉았고, 이에 따라 유기 퇴적물 층이 쌓였다. 궁극적으로 이 유기물 개흙은 비유기 퇴적물에 의해 덮이게 되었으

엔트로피, 생명 그리고 화석연료

엔트로피는 에너지 분산의 척도이다. 엔트로피는 어떤 과정에서 에너지가 얼마나 분산되는지 혹은 얼마나 광범위하게 확산되는지를 보여 준다. 에너지가 분산되면 통상적으로 하던 일을 할 수 없다. 따라서 엔트로피가 클수록 에너지는 일상적인 작업을 할 수 없다.

모든 물리적 체계들은 낮은 엔트로피 상태에서 높은 엔트로피 상태로 변화한다. 한 체계의 가용 에너지의 양은 체계 에너지의 총량보다 언제나 적다. 에너지 형태가 바뀔 때마다 혹은 에너지가 사용될 때마다 에너지의 일부는 엔트로피에 빼앗기게 된다.

우주의 엔트로피 총량은 언제나 지속적으로 증가하고 있으며, 결코 감소할 수 없다는 점을 이해하는 것이 중요하다. 하위체계의 엔트로피 감소를 유지할 수 있는 것은 그 하위체계의 외부로부터 에너지를 끌어들이고, 엔트로피를 방출하기 때문이다. 그러나 우주의 엔트로피 총량은 증가하기만 한다.

생명체들은 자신들의 하위체계 외부의 엔트로피 생산을 숨김으로써 엔트로피와 관련해서 일종의 야바위 게임을 하고 있다. 그러나 궁극적으로 그들은 균형적 행위를 하고 있는 것이다. 왜냐하면 그들은 엔트로피를 감소시킨 것이 아니라 다른 곳으로 옮겼을 뿐이기 때문이다. 생명은 낮은 엔트로피를 요구하며 높은 엔트로피 환경에서는 존재할 수 없다. 생명체와 엔트로피의 관계를 설명하기 위해 양조 과정을 검토하기로 하자.

엿기름이 가득찬 양조용 통은 탄수화물과 당분이 가득 찬 낮은 엔트로

며, 그곳에서 장기간에 걸쳐 압축되고 가열되었다. 그 결과 탄수화물이 지금 우리가 화석연료라고 부르는 것으로 전환되었다.

퇴적물이 특정 임계점을 넘는 고온에 접하거나 해안 지역에서 들어온 육지 식물의 잔재와 섞이게 되면 그것은 천연가스가 된다. 그리고 퇴적물의 순도가 높고 임계 온도 이하에 머물게 되면 그것은 복합 탄화수소 분자로 구성된 농축 에너지 내용물

피 환경이다. 이 통에 이스트를 넣으면 이스트는 영양분을 섭취하며 증식하기 시작한다. 이스트 개체수의 증가는 탄수화물과 에탄올 형태의 높은 엔트로피를 만든다. 통 안의 엔트로피가 어떤 결정적인 수준에 도달하면 이스트는 죽어 버린다. 약간의 이스트가 남아서 낮은 엔트로피에 의존해 살아가지만, 통 안의 엔트로피는 통이 비워지거나 채워지기 전에는 애초의 낮은 엔트로피 상태로는 결코 돌아가지 않는다.

인류는 엔트로피를 새로운 단계로 만들어 놓았다. 인간의 사회-경제적 체계가 과도하게 잘 하는 일이 엔트로피를 생산하는 것처럼 보인다. 사람들이 통으로 양조를 하는 것(그리고 우리의 문명)은 현재 넘치는 값싼 화석연료를 통해 지탱되고 있다. 인류는 우리 예에서 이스트처럼 엿기름 물에서 성장하며, 개체수를 증가시키고 소비재들을 넘치도록 생산하고 있다. 또한 우리는 환경 훼손, 쓰레기, 오염물, 지구 온난화 등의 형태로 고엔트로피를 만들어 냈다. 이제 우리는 사멸로 이어질 수 있는 엔트로피의 결정적 단계에 접근하고 있다.

이러한 엔트로피의 결정적 단계에 도달하는 것을 피하기 위해서 우리는 엔트로피의 생산 속도를 초기 태양 에너지 수준 이하로 늦춰야한다. 그렇게 하기 위해서는 끊임없는 성장과 소비를 근거로 하는 지배적인 사회-경제적 체계를 포기해야 한다. 만약 엔트로피의 결정적 단계를 넘어서게 되면 이스트가 그랬던 것과 같은 사멸을 경험하게 될 것이다. 엔트로피를 줄이는 방법은 없기 때문에 이러한 사멸에서 결코 되돌아올 수 없다.

이 되는데, 이것이 바로 우리가 원유라고 부르는 것이다. 지구에 존재하는 탄화수소 자원은 사실상 수백만 년 전에 만들어지고 장기간에 걸쳐 가공된 태양 에너지의 저장물이다.

세월이 흐르면서 기후가 변화했으며 해조류가 감소했다. 공룡들의 시대가 지나갔고 포유류의 시대가 왔다. 그리고 궁극적으로 한 종류의 포유류가 진화하여 두 발로 서게 되었는데, 이 종은 추상적 사고와 자신의 환경에 대한 의도적인 조작이 가능하게 되었다. 인류는 지구상 생명체의 궁극적인 성과로 발달된 것은 아니며 엔트로피 과정의 실현을 위한 점점 더 복잡한 경로를 지향하는 생물권 내에서 그저 하나의 순열(permutation)로 발달되었다.

처음 인간들은 사냥과 채취를 했다. 다른 모든 동물과 마찬가지로 인류 역시 식물을 찾아 먹거나 다른 동물을 사냥해서 먹고 살았다. 그러다가 약 1만 년 전, 인류는 역사에서 가장 중요한 변화를 겪게 되는데 바로 농업의 발명이다. 일정한 땅에 작물을 심고, 돌보고, 수확함으로써 인류는 자신들의 영토를 다니는 것보다 많은 먹거리를 생산하게 되었다. 농사 덕분에 인간은 굶지 않고 1년 내내 살기에 충분한 음식을 얻게 되었다. 농업이 식량보장(food security)을 제공한 것이다. 농업의 시작은 우리가 아는 문명을 위한 길을 열었던 것이다.

농업을 통해 인간은 태양 에너지를 가공하고 수확할 수 있게 되었다. 농업 생산물의 급격한 증가는 필연적으로 인구의 증가로 이어졌다. 인구의 증가는 다시 농업의 확장을 필요로 했다. 이에 따라 인류는 최초로 인구 폭발을 경험하게 된다. 이러한 증가는 농사와 문명이 다른 종들을 자신의 서식지에서 몰아냄으로써, 다른 생물 종들을 볼모로 한 것이었다.

광합성은 특정 시점에서 생산될 수 있는 먹거리의 양의 한계를 설정하며, 따라서 인구 성장에 한계를 정하게 된다. 태양 에너지는 지구에 제한된 정도로 흘러들어 온다. 우리들에게 있어서는 들어오는 태양 에너지는 일정하다고 할 수 있다. 그리고 이 태양 에너지의 극히 일부만이 광합성 과정을 통해 포획된다.

식량 생산을 늘리기 위해서 초기의 농부들은 경작 면적을 늘리고 경쟁자들을 쫓아내야 했다. 식량 생산에 필요한 에너지의 양을 증가시키는 다른 방법은 없었다. 인구는 다른 종들을 쫓아내면서 그리고 가용한 태양 에너지를 점점 더 많이 전유하면서 증가했다.

농업 생산을 증대시켜야 할 필요가 역사에 기록된 전쟁 대부분의 근본적인 원인이었다. 유럽인들이 더 이상 경작지를 넓힐 수 없었을 때 세계를 정복하기 위한 작업을 시작했다. 탐험가들의 뒤를 정복자들, 무역상들, 그리고 이주민들이 따랐다. 이러한 팽창의 명시적 이유는 무역, 탐욕, 제국 혹은 단순한 호기심이었을지 모르지만 그 근간에는 농업 생산의 확장이 전부였다. 탐험가들과 정복자들은 자신들이 간 곳에서 약탈품을 가져왔으며, 플랜테이션을 남겼다. 이주민들은 땅을 개간하고, 자신의 농장을 만들기 위해 애를 썼다. 이러한 정복과 팽창은 더 이상 확장할 땅이 없어질 때까지 계속되었다. 물론 오늘날까지도 지주들과 농민들은 농업 생산을 위해 더 많은 땅을 차지하기 위해 다투고 있다. 하지만 그것은 빵 부스러기를 가지고 다투는 것이나 마찬가지이다. 오늘날 지구상 대부분의 땅은 농업에 의해 착취되고 있다. 남겨진 땅이라곤 너무 가파르거나, 너무 질거나, 너무 건조하거나, 혹은 영양분이 없는 것들이다.[1]

토지 면적을 넓히는 방식으로 생산량을 늘릴 수 없게 되자, 이번엔 농업 혁신이 기존 농지에 대한 더 철저한 착취를 가능하게 했다. 산업혁명에 따른 농업의 기계화가 토지의 개간과 경작을 가속화하고, 한 사람이 돌볼 수 있는 농지 면적을 증가시키면서, 농업을 위한 토지 전유와 "해충" 방제 과정이 빠르게 진행되었다. 그리고 식량 생산이 증가할 때마다 인구수도 같은 속도로 증가했다.

광합성에 의해 실제 활용할 수 있는 태양 에너지의 양을 광합성 용량(phtosynthetic capacity)라고 한다. 이는 지리, 날씨, 그리고 토양 종류에 따라 제한을 받는다. 예를 들어 토양이 비옥한 농지의 광합성 용량은 로키산맥 경사지의 그것에 비해 크다. 현재 토지에 기반한 전체 광합성 용량의 거의 40%가 인간에 의해 사용되고 있다.[2] 미국의 경우 광합성에 의해 얻어진 에너지의 절반 이상이 농업으로 전환된다.[3] 인간이 지구상의 최고의 부동산을 모두 차지했다. 다른 생물종들은 나머지를 가지고 버티도록 강요받고 있다. 명백하게 이것이야말로 종의 멸절과 생태계 스트레스의 중요 요인 중 하나이다.

녹색혁명

농업을 위해 경작가능한 토지가 거의 사라져 갈 즈음 1950-60년대의 기술적 혁신이 주변적이고 지력이 쇠한 땅을 이용해서 생산을 계속 증가시킬 수 있도록 했다. 이 전환이 녹색혁명이다. 녹색혁명은 농업의 산업화를 초래하였다. 더 많은 식량을 생산하는 새로운 잡종 식량 작물이 발전을 가져오는 데 일부 기여했다. 1950년에서 1984년 사이 녹색혁명이 전 세계적으로 농업을 전환시키면서, 세계 곡물 생산량은 250% 증가했다.[4] 이는 인간 소비를 위한 가용 식량 에너지의 엄청난 증가이다. 이 추가적인 에너지는 햇볕양의 증가에 온 것이 아니며 또한 새로운 전망을 가진 토지에 농업을 도입해서 만들어진 것도 아니다, 녹색혁명의 에너지는 화석연료에 의해 제공되었다. 녹색혁명은 화석연료로 만드는 비료와 살충제, 그리고 탄화수소물로 가동되는 관개에 의해 가능했던 것이다.

녹색혁명은 에너지 투입량을 전통적인 방식보다 평균 50

미국 농가에 의해 직간접적으로 소비된 총 에너지는 1천70조 Btu.였다

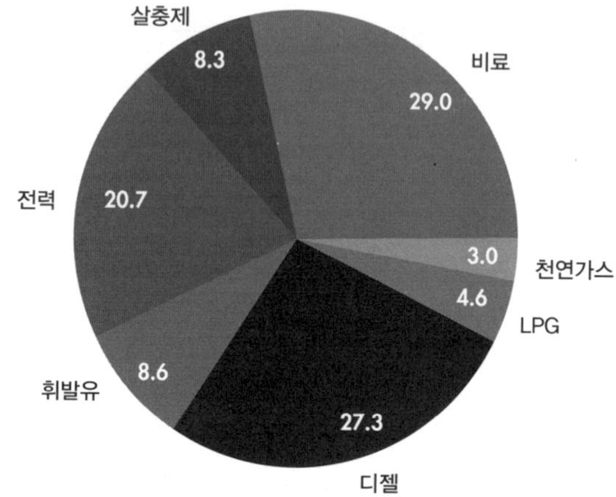

출처: Miranowski(2004) 1Btu.=0.252kcal

배 정도 증가시켰다.[5] 극단적인 경우에는 농업 에너지 소비량이 100배 이상 증가하기도 했다.[6] 문자 그대로 우리는 화석연료를 먹고 있다.

미국의 경우 미국인 한 사람을 먹이기 위해 연간 약 400갤런의 석유가 소비된다(1994년 기준).[7] 미국 농업의 에너지 소비의 용도별 분포는 위의 파이 그림이 보여 준다.[8]

캐나다 농장의 에너지 소비에 관한 한 보고서는 다음과 같은 결과를 보여 준다.

- 비유기 비료의 제조 31%
- 농기계 작동 19%
- 운송 16%
- 관개 13%
- 가축 사육 8%(사료 미포함)
- 작물 건조 5%
- 살충제 생산 5%
- 기타 3%[9]

게다가 식품을 가공하고, 유통하고, 집에서 조리하는 데 들어가는 에너지 비용은 농산물을 생산하는 데 들어가는 에너지 양을 훨씬 초과한다.[10]

녹색혁명의 실패

열역학 법칙에 따라 농업에서 에너지의 유입량과 유출량 사이에는 직접적인 상응관계가 없다. 그 과정에서 현저한 에너지의 손실이 있다. 1945년과 1994년 사이에 농업에 대한 에너지 투입량은 4배 증가한 반면 작물 수확량은 3배 증가하는 데 그쳤다.[11] 그 이후에는 상응하는 작물 수확량의 증가 없이 에너지 투입량만 지속적으로 증가했다. 한계 효용점에 도달한 것이다. 토양의 악화, 해충 관리 필요의 증가, 그리고 관개에 들어가는 에너지 비용의 증가에 따라 현대 농업은 순전히 현재의 작물 수확량을 유지하기 위해서만이라도 에너지 소비를 계속 늘려야 한다. 녹색혁명은 파산 직전에 있다.

1950년대와 60년대에 녹색혁명은 세계 기아 문제의 해결책으로 선전되었다. 농업 생산의 증대는 모든 사람들에게 충분한 식량을 제공할 것이고 지구상의 아무도 굶주리지 않을 것이라

열역학 제1법칙 혹은 에너지 보존의 법칙

에너지는 생산되거나 파괴될 수 없다.
　혹은
우주의 에너지는 언제나 고정되어 있다.
　혹은
당신은 결코 이길 수 없다.

열역학 제2법칙 혹은 엔트로피 법칙

다른 곳에서의 변화를 야기하지 않는다면,
열은 뜨거운 곳에서 차가운 곳으로만 이동할 수 있다.
　혹은
연대기적 시간이 흐름에 따라
우주의 엔트로피는 극대값을 향해 가는 경향이 있다.
　혹은
당신은 결코 비길 수 없다.

열역학 제3법칙

어떤 압축된 물질(예: 액체 혹은 고체)의 엔트로피이든
절대 영점의 온도에서는 영의 값을 갖는다.
　혹은
절대 영점의 온도는 결코 도달할 수 없다.
　혹은
당신은 게임 내에 남아 있어야 한다.

고 했다. 불행하게도 그렇게 되지 못했다.

70% 인구 증가에도 불구하고 녹색혁명은 1인당 가용한 칼로리를 17% 증가시켰다. 식량이 만약 더 공평하게 분배된다면 지구상의 모든 사람은 하루에 적어도 2,720킬로칼로리(1킬로칼로리 = 1,000칼로리)를 섭취할 수 있다.[12] 그러나 1999-2000년 개발도상국에는 약 7억 9천8백만 명이 영양 부족에 시달리고 있는 것으로 추정된다. 이는 1990-1992 추정치를 기준으로 할 때 겨우 1천9백만 명의 감소에 불과하다.[13]

미국에서는 전체 가구의 11.9%가 "식량 미보장"(food insecure)으로 분류되는데, 이들은 다음 날 끼니를 먹을 수 있을지 불확실하다. 편모 가족의 경우 이 숫자가 31.7%로 치솟는다. 워킹푸어의 경우 35%이다. 미국의 성인들을 대상으로 할 경우 10.8%인 데 비해, 아동의 경우는 거의 2배에 달해 18.2%이다. 이 비율을 실제 수로 계산해 보면 어린이 1천3백만 명을 포함해서 3천5백만 명이 굶거나 굶기 직전에 있다. 1999년에서 2002년 사이, 미국에서 굶주린 사람은 어린이 1백만 명 이상을 포함해서 3천9백만 명에 달했다.[14]

녹색혁명의 실패는 세계 기아의 원인에 대한 잘못된 이해에서 비롯된다. 굶주림은 식량 부족 때문에 생기는 것이 아니라 식량에 대한 접근성 부족 때문에 발생한다. 식량을 공평하게 분배하는 데 이윤에 기반한 시장이 실패한 것이다. 식량을 살

수 있는 사람들은 필요 이상의 훨씬 많은 음식을 먹는 반면 식량을 살 수 없는 사람들은 굶주린다. 세계의 기아 문제를 해결하기 위한 열쇠는 모든 인간이 살기 위해서 먹을 권리를 지닌다는 사실은 인정함과 동시에, 사회 개혁, 농업 개혁, 그리고 진정한 민주주의 개혁을 이루는 데 있다.[15]

녹색혁명은 농민들이 농기업들과 경쟁하는 것을 더 어렵게 함으로써 실제로는 우리 농업 체계의 불평등을 심화시켰다. 녹색혁명은 스스로 내세운 사명을 이룩하는 데 실패했을 뿐 아니라 산업적 영농은 토양과 물 공급의 악화를 초래했다. 결국 녹색혁명형 농업은 지속가능하지 않다.

2

토지의 훼손

토양 손상, 무기물 고갈, 도시화 등에 따른 토지의 훼손은 세계적으로 큰 문제로 등장하고 있다. 현재 이 문제의 전모가 다 알려지지 않고 있다. 왜냐하면 손상된 양분을 화학비료를 더 많이 집약적으로 써서 보충하고 있기 때문이다. 종국에 이런 전략은 문제를 더욱 악화시킬 뿐이며 토양의 활력을 완전히 붕괴시킬 것이다.

1945년 이후 토양 손상, 사막화, 그리고 열대 우림지역의 파괴에 의해 훼손된 토지는 50억 헥타르 이상으로, 지구의 식물 생육 면적의 43%가 넘었다.[1]

매년 1천만 헥타르의 생산성 있는 경작지가 심각한 훼손으로 버려진다.[2] 동시에 해마다 출생하는 8천4백만 명을 먹이기 위해서는 5백만 헥타르의 농지가 경작에 추가되어야 한다. 결국 토지 훼손과 인구 증가를 벌충하기 위해서는 총 1천5백만 헥타르의 농지가 해마다 더 필요하다. 이 땅의 대부분은 숲을 없앰으로써 얻어지며,[3] 이는 세계 벌목량의 60% 정도를 차지한다.[4]

자연이 1인치의 상층 표토를 대체하는 데 5백 년이 걸린다.[5] 만족할 만한 작물 생산에 필요한 깊이의 표토를 자연적으로 생성하기 위해서는 약 3천 년이 필요하다.[6] 자연 환경에서는 표토는 식물질의 부패와 암석의 풍화로 만들어지며, 생장하는 식물들이 표토의 침식을 막아 준다.

농업에 의해 취약해진 토지는 침식에 의해 생산성이 해마다 최대 65%까지 떨어진다.[7] 미국의 곡창 지대인 과거 대평원이던 토지는 약 백 년간 농사를 지으면서 표토의 반 정도가 손실되었다. 이 토양은 자연 복원 속도보다 약 30배 빠르게 침식되고 있다.[8] 식량 작물은 한때 대평원을 덮었던 자연의 풀보다 훨씬 탐욕스럽다. 그 결과 남아 있는 표토는 영양분 손상이 가속화되고 있다. 토양 침식과 광물질 고갈은 미국의 농지에서 매해 약 2백억 달러에 달하는 식물 영양분을 사라지게 하고 있다.[9] 오늘날 대평원의 대부분의 토양은 작물을 생산하기 위해서 탄화수소물로 만들어진 비료를 쏟아부어야 하는 스펀지나 다름없다.

토양 침식률은 세계 모든 곳에서 증가하고 있다. 중국은 연간 헥타르당 40톤씩 표토를 잃고 있다.[10] 봄 경작철에 중국의 토양이 멀리 하와이 대기 중에서까지 감지된다.[11] 중국의 식량에 대한 수요는 중국 자체의 농업 체계가 공급할 수 있는 범위를 수십 년 전에 넘어섰다. 중국은 화학비료와 농약을 통해 농지에서 한 톨의 곡물이라도 더 생산하기 위해, 농지를 한계까지 밀어붙여 왔다. 그러나 여전히 중국은 자신의 국민들을 먹여 살리기 위해 미국과 다른 나라에서 막대한 양의 곡물을 수입해야 한다.[12]

사막화와 토양 침식 때문에 아프리카의 어떤 지역은 농업생산이 50% 감소했다.[13] 중국과 마찬가지로 아프리카에서 침식된 토양이 플로리다와 브라질에서 감지된다.[14] 또 20% 안팎의 심각한 생산 감소가 인도, 파키스탄, 네팔, 이란, 요르단, 레바논, 그리고 이스라엘에서 보고되었다.[15] 전 세계적으로 연간 750억 톤의 토양 손실은 약 4천억 달러의 재정적 손실을 낳고 있으며, 이는 1인당 연간 70달러 손실에 해당된다.[16]

미국에서 바람과 물에 의한 침식을 연간 헥타르당 17톤이라고 가정하면, 손실된 수분을 보충하기 위한 관개 비용과 사라진 영양분을 대체하기 위한 비료의 비용을 합치면 약 연간 280억 달러(1992년 달러 기준)가 필요하다.[17] 게다가 토양 침식의 간접적인 비용으로, 도로, 하수구, 지하 등에 생기는 펄질화 현상(Siltation. 모래, 진흙 등이 물에 쓸려 와서 강어귀나 항구에 쌓이는 현상), 배수 장애, 지반과 포장 손상, 도로의 협곡화, 흙댐의 붕괴, 수로의 부영양화, 항만과 해협의 펄질화, 저수지 수량의 감소, 야생동물 서식지 손상과 하천 생태계의 교란, 홍수, 공중보건의 손상, 그리고 물 관리 비용의 증가 등이 있다. 간접적인 손실 비용은 연간 170억 달러에 달한다(1992년 달러 기준).[18] 직간접 비용을 합치면 연간 450억 달러이며, 이는 초지와 농장 1헥타르당 약 1백 달러에 해당되는 것으로 미국 농업의 생산비용을 약 25% 증가시킨다.[19]

미국의 약 3/4에 해당되는 토지가 농업과 상업용 숲으로 활용되고 있다.[20] 이 가운데 2백만 에이커 이상의 경작지가 침식, 염류화, 그리고 침수 등으로 사라진다. 이에 더해 농지 가운데 1백만 에이커가 도시화, 도로 건설, 산업용 부지 등으로 추가적으로 손실된다.[21] 1945년에서 1978년 사이에 오하이오 주와 펜실베이니아 주를 합한 면적만큼의 땅이 아스팔트로 포장되었다. 주택과 고속도로 건설에 사용된 토지 가운데 거의 절반은 미국에서 가장 비옥한 땅이었다.[22] 덧붙여 말하자면, 미국 토지의 매우 작은 부분만이 태양 에너지에 기반한 경제를 지원하는데 필요한 태양 에너지 기술을 활용할 수 있게 남아 있다. 바이오매스를 위한 토지 역시 제한되어 있다. 이런 이유로 태양 에너지나 바이오매스를 개발하는 것 역시 농업을 희생해서야 가능하다.

이 모든 것이 농지를 제대로 관리하지 못해 치르는 비용이다. 토양 침식은 초목지대의 손실에 의해 주로 일어난다. 토양 침식을 막기 위한 방법으로는 무경간농업(밭을 갈지 않고 도랑에 씨를 심어 농사짓는 방법), 등고선을 따라 파종하기, 간작, 윤작, 등고세편 경작(경사면에 대해 직각 방향으로 설치된 경작지대에 농사짓는 방법), 등고선 완충 재배, 단지(段地) 형성(경사지에 등고선을 따라 계단 모양의 평지를 조성하고 그곳에 작물을 심는 방식), 목초 수로, 농장 연못, 사방댐(砂防댐. 토사의 유실이 심한 하천에 토사가 하류로 흘러내리는 것을 방지하기 위해 설치하는 댐), 그리고 숲 조성 등이 있다. 이런 방법 대신 현재 우리는 토양 비옥도의 훼손을 천연가스로 만든 화학비료를 통해 보충하고 있다. 도대체 왜 우리가 수경재배가 아니라 땅에 작물을 심는지 의구심을 갖게 된다. 땅은 그저 값싸게 널려 있는 매개물로 여겨진다고밖에 볼 수 없다.

3

수질의 악화

지구 표면의 70% 이상이 물로 덮여 있다. 그러나 그 물의 97.5%는 짠물이며 겨우 2.5%만이 민물이다. 그리고 그 민물 가운데 70%는 남극과 그린란드(Greenland)의 대륙 빙하로서 얼어 있는 상태이다. 그 나머지 대부분은 토지의 수분이거나 접근 불가능한 대수층에 깊이 묻혀 있다. 전체 민물의 겨우 0.77%, 즉 지구상의 전체 수분 가운데 인간이 사용할 수 있는 물은 0.007%에 불과하다.[1] 이 민물은 강과 호수, 그리고 경제성이 있을 정도로 얕게 묻혀 있는 지하수에서 발견되는 물이다.

현대 농업은 수자원에 심각한 부담을 준다. 예를 들어 미국에서는 농업이 모든 민물 자원의 85%를 소비한다.[2] 지난 세기에 관개 시설을 통해 관리되는 농지 면적이 거의 5배 증가했다.

비록 세계 경작지의 단지 17%만이 관개가 이뤄지고 있지만, 그 17%의 면적에서 세계 작물의 40%를 수확하고 있다.[3] 이러한 불균형이 나타나는 것은 관개가 되는 농지는 한 해 동안 2모작이나 때로는 3모작까지 할 수 있기 때문이다. 그러나 염류화와 침수에 따른 관개 농지에 대한 환경적 손상과 관개 비용의 증가 등은 지난 수십 년 동안 관개 농지의 증가율을 떨어뜨렸고, 이에 따라 관개농지 증가율은 인구 증가율을 쫓아가지 못하고 있다. 1인당 관개 농지는 1978년에 0.48헥타르로 정점에 이르렀었다.[4] 그 이후 1인당 관개 농지 면적은 7% 이상 하락했다.[5] 잘못된 관개 관행은 농지의 염분 축적을 꾸준히 증가시켜 세계 전체 관개 농지의 1/4에 해당하는 6천만 헥타르의 농지가 훼손되었다.[6]

특히 미국 서부와 남부에서 지표면 수자원의 과도한 추출이 진행되고 있다. 전형적인 예가 콜로라도 강으로, 태평양에 도달했을 때는 졸졸 흐르는 정도로 물이 줄어든다.[7] 중국 황하강의 하류는 지난 10년 동안 매해 평균 70일간 말라 있었으며, 1995년에는 122일 동안 건천 상태였다.[8] 갠지스 강, 나일 강, 그리고 그 밖에 세계의 강들도 비슷한 실정이다.[9] 건기에 많은 아시아 지역의 강들은 실질적으로 물을 전혀 바다로 보내지 못한다. 구소비에트 중앙아시아 지역의 아랄 해는 면화 생산을 위한 하천 우회 때문에 면적이 반 정도 줄었으며, 부피는 2/3가량 감소했다. 아랄 해는 염도가 3배 증가하면서 토착어종이 모두 멸종되

었으며, 지역 어업에 치명적인 피해를 가져왔다.[10]

지표수는 관개용수의 단지 60%를 공급할 뿐이다. 관개용수의 40%, 그리고 어떤 지역에서는 대부분의 관개용수가 지하 대수층에서 펌프로 보충되는 비율보다 훨씬 과다하게 끌어올려짐으로써, 사실상 재생 불가능한 자원이 되어 버린다. 지하수는 지구의 지각을 통해 빗물이 여과됨으로써 서서히 보충된다. 해마다 퍼올려지는 저장 지하수의 0.1% 이하가 강우에 의해 채워진다.[11]

중국 북부의 광대한 관개 농업지역 밑에서는 지하수면이 매년 1미터 혹은 그 이상씩 내려앉고 있으며, 인도의 곡창인 펀잡 지역의 약 2/3는 지하수면이 연간 20센티미터씩 함몰하고 있다.[12] 미국 관개 농지의 1/5은 보충률을 초과하는 물을 펌프로 퍼올림으로써 물을 대고 있다. 중서부 농촌에서는 가용한 물의 단지 6%만 비를 통해 제공받으며, 거대한 관개농장과 확장되는 도시 지역이 미국 전체 물 사용량의 36%를 차지한다. 캘리포니아 역시 비로 내려오는 양보다 더 많은 물을 사용한다.[13] 지하수 고갈 문제가 특히 심각한 텍사스의 경우 관개농지 면적은 1974년 정점을 찍은 이후 30% 이상 감소했다.[14]

남부와 중앙 평원 주의 대부분에 농업, 산업, 그리고 가정용 물을 공급하는 오갈랄라 대수층(Ogallala Aquifer)에서는 연간 보충률의 130-160%에 달하는 물이 과잉 추출되고 있다. 이 매우 중요한 대수층은 앞으로 30년 정도 후에는 비생산적인 것이 될 것이다.[15] 오갈랄라 대수층은 미국 곡창 대부분 지역의 관개용수 공급원이다. 그것이 비생산적이 되면, 미국의 중심부 지역이 말라 버릴 것이다. 미시시피 강이나 5대호의 물을 끌어들이는 방안에 대한 논의가 있지만, 그런 프로젝트들은 심각한 공학적 문제들을 안고 있다. 그것은 또한 다른 산업들에 피해를 줄 것이며, 두 수자원과 경계하고 있는 주들(그리고 5대호의 경우 캐나다까지 포함해서)의 반대에 직면해 있다. 게다가 그러한 물 끌어오기는 매우 에너지 의존적이다.

옥수수를 생산하는 농장을 검토함으로써 현대 농업이 수자원에 가하는 부담을 설명할 수 있다. 연간 에이커당 118부셸(bu)의 옥수수 작물을 생산하기 위해서는 생육기 동안 에이커당 50만 갤런 이상의 물이 필요하다. 1파운드의 옥수수 생산에는 1,400파운드(약 660리터)의 물이 사용된다.[16] 이 소비율을 낮추기 위한 대책이 마련되지 않는다면 현대 농업은 미국을 물 위기로 몰아가는 데 일조하게 될 것이다.

일반적으로 1톤의 곡물을 생산하기 위해서는 1천 톤의 물이 필요하다.[17] 1천 톤은 평균적인 곡물의 물 필요양이고, 쌀은 가장 많은 물을 필요로 하며, 옥수수가 가장 적은 물을 필요로 한다. 세계에서 생산되는 곡물의 절반 가까이가 고기 생산과 닭 사육에 소비된다.[18] 이것이 채식 식단이 육류를 먹는 식단에 비해 2배의 인구를 먹일 수 있는 이유 중의 하나이다. 단순히 먹이 사슬의 낮은 단계로 식습관을 바꾸는 것만으로 기아의 고통을 많이 줄일 수 있다.

앞으로 농촌 인구가 감소하고 도시 인구가 계속 증가함에 따라 물 공급을 둘러싸고 도시는 점점 더 농업과 경쟁하게 될 것이다. 많은 연구들이 앞으로 25년 사이에 도시의 물 사용량이 2배 증가할 것으로 예측하고 있다.[19] 미국 서부는 물 공급을 위해 농업에 더 비싼 값을 기꺼이 치르는 목마른 지역으로 전환되고 있다. 투산, 피닉스를 비롯한 애리조나의 도시들은 232,000헥타르의 농지로부터 물에 대한 권리를 매입했다. 투산이 위치한 피마 카운티에서는 2020년이면 관개가 완전히 사라질 것으로 보인다.[20]

마지막으로 농지에 흐르는 물은 수질 오염의 가장 중요한 원인 중 하나이다. 화학비료 특히 질소비료는 호수, 하천, 강 어귀, 바다 등에 조류를 증가시킨다. 조류와 다른 미생물의 폭발적인 증가는 산소 결핍을 가져와 물고기, 새우, 그리고 다른 생물들이 살 수 없는 사각지대를 만든다. 사각지대는 미시시피와 같은 세계의 거대한 하천 삼각주 지대에서 해안으로 점차 확산되고 있다.[21]

농약 방류 역시 물 오염의 중요한 원인이다. 미국 환경보호국은 DDT를 포함해 농약 98종류가 40개 주의 지하수에 포함

되어, 천만 명 이상의 식수원을 오염시키고 있다는 사실을 발견했다.[22]

4

화석연료 먹기

태양 에너지는 태양으로부터 지구로의 유입률에 의해서만 제약을 받는 재생가능한 자원이다. 반면 화석연료는 거의 무제한의 비율로 착취할 수 있는 저장 자원이다. 그러나 인류의 시간 척도로 보면 화석연료는 재생 가능하지 않다. 화석연료는 우리가 원하는 비율로 꺼내 쓸 수 있는 지구 에너지 저장물이지만 결국에는 재생의 희망 없이 고갈될 것이다. 녹색혁명은 이 에너지 저장고에 구멍을 내면서까지 농업 생산을 늘리기 위해 화석연료를 사용했다.

지난 40년간 미국의 화석연료 총 사용량은 20배 증가했다. 미국인 한 사람은 개발도상국 한 사람보다 20-30배 많은 화석연료를 사용한다. 미국 에너지 총 사용량의 17%가 농업에 직접 사용된다.[1] 1990년을 기준으로 할 때, 1헥타르의 농지에서 농산물을 생산하는 데 약 1천 리터의 기름이 사용되었다.[2]

1994년 데이비드 피멘텔과 마리오 잠피에트로(David Pimentel and Mario Giampietro)는 농업의 투입 : 산출 비율이 1 : 4 정도라고 추정했다.[3] 미국의 농업은 화석연료 0.7킬로칼로리(kcal)를 사용해서 1킬로칼로리의 먹거리를 생산했다. 이 추정치는 순 식량 에너지 생산이 겨우 30%에 불과하다는 것을 보여 준다. 이 비율을 계산할 때 투입 관련 수치는 국제연합 식량농업기구(FAO) 통계에 근거했는데 이는 단지 비료(비료 공급 원료 제외), 관개, 농약(농약 공급 원료 제외), 그리고 농장에서 쓰는 기계와 연료를 포함시켰다. 고려되지 않은 다른 농업 에너지 투입은 작물 건조를 위한 기계와 에너지, 전기, 그리고 농장 건물과 하부구조 건축 및 관리비 등이다. 이들 에너지 비용을 추정에 포함시키면 에너지 투입 : 산출 비율은 1 : 1로 감소할 것이다.[4] 이 수치도 포장, 소매 매장으로의 배달, 냉장 혹은 가정에서의 조리 등의 에너지 비용은 포함하지 않은 것이다.

같은 해 마무리된 다음 연구에서 잠피에트로와 피멘텔은 좀 더 정확한 농업의 순 화석연료비를 계산할 수 있었다.[5] 이 연구에서 저자들은 2종류의 구별된 에너지 투입을 정의했는데, 하나는 체내(endosomatic) 에너지이고 다른 하나는 체외(exosomatic) 에너지이다. 체내 에너지는 사람 몸 안에서 음식 에너지의 근육

에너지로의 신진대사 전환을 통해 만들어진다. 체외 에너지는 트랙터의 휘발유를 태우는 것처럼 사람 몸 밖의 에너지를 전환함으로써 만들어진다. 이 연구에서 저자들은 화석연료 투입을 분리해서 검토한 뒤, 다른 투입에 대한 화석연료 비율을 분석했다.

산업혁명 이전에는 체내 에너지와 체외 에너지 모두 거의 100% 태양에서 비롯된 것이었다. 화석연료는 미국과 다른 선진국에서 사용되는 체외 에너지의 90%를 차지한다.[6] 태양 에너지에 의존했던 전산업사회의 전형적인 체외/체내 에너지 비는 약 4 : 1이었다. 선진국에서 그 비는 10배 이상 변해 40 : 1로 증가했다. 그리고 미국의 경우는 90 : 1 이상이다.[7] 또한 체내 에너지를 사용하는 방식의 특성도 바뀌었다.

체내 에너지의 대부분은 더 이상 직접적인 경제과정에 힘을 전달하기 위해 사용되지 않는다. 오늘날 체내 에너지의 대부분은 체외 에너지가 작동시키는 기계의 흐름을 관장하는 정보의 흐름을 만드는 데 사용된다. 미국의 체외 : 체내 에너지 비율이 90 : 1이라는 점을 고려한다면, 미국에서 소비되는 체내 에너지 1킬로칼로리는 90킬로칼로리의 체외 에너지 순환을 유발시킨다. 예를 들어 작은 휘발유 엔진은 1갤런의 휘발유 내의 3만 8천 킬로칼로리를 8.8킬로와트 시(Kilowatt hours)로 전환시킬 수 있는데, 이는 한 사람이 3주 동안 하는 일의 양과 맞먹는다.[8]

잠피에트로와 피멘텔의 심화된 연구는 미국 식품체계에서 소비자에게 1킬로칼로리를 제공하기 위해서는 체외 에너지 10킬로칼로리 생산이 필요하다는 것을 발견했다. 이는 포장과 모든 운송비용을 포함하지만 가정 내 조리는 제외한 수치이다.[9] 이 연구에 따르면 미국 식품체계는 그것이 생산하는 에너지의 10배를 소비한다. 잠피에트로와 피멘텔의 연구는 이전 홀·클리블랜드·카우프만에 의한 연구와 일치한다.[10] 그러나 마틴 헬러와 그레고리 쾰라이언은 한 단위의 식량 에너지를 생산하기 위해서는 7.3 단위의 화석연료 에너지가 필요하다는 다소 낮은 추정치를 제시한다.[11] 이 수치조차도 에너지의 엄청난 적자를 의미한다.

헬러와 쾰라이언은 음식점과 가정의 보관 및 조리 비용 역시 고려했다. 그들은 1995년 상업적 음식 서비스가 332조 영국열량단위(*1파운드의 물을 화씨 1도 올리는 데 필요한 열량)를 소비했다는 사실을 발견했다. 이 가운데 거의 1/3은 요리에 사용되었으며, 나머지는 냉장과 다른 용도에 사용되었다. 그들은 또한 가정에서의 보관과 조리에 소비되는 에너지가 식품체계의 어떤 부문보다 더 많았다는 점을 발견했다. 가정의 에너지 수요는 농업 생산에서 필요한 에너지보다 거의 48%나 더 많았다. 가정에서 음식 관련 에너지 소비의 40% 이상이 냉장에 활용되며, 20%는 요리에 사용되고, 다른 20%는 (주로 설거지를 위한) 온수에 이용된다.[12]

옥수수가 식품체계를 따라 움직이는 데 들어가는 에너지 비용을 추적한 1976년 연구는 옥수수 한 깡통을 사기 위해 슈퍼마켓에 가는 데 사용되는 에너지 양이 (관개를 하지 않는다는 것을 전제로) 옥수수를 생산되는 데 소비되는 에너지 양보다 더 많다는 것을 발견했다. 이 연구는 또한 만약 옥수수를 22일 이상 냉동시킨다면 냉동에 들어가는 에너지가 통조림하는 데 들어가는 에너지보다 더 크다는 사실도 발견했다.[13]

잠피에트로와 피멘텔의 10 : 1 비는 하루 식사를 준비하기 위해 미국인들이—그 노동이 화석연료를 통해 제공된다면—20분만 자신의 노동을 사용하면 된다는 것을 의미한다. 불행하게도 이 방정식에서 화석연료를 제해 버리면 하루 식사를 준비하기 위해서 1인당 111시간의 체내 에너지를 필요로 한다. 즉 현재 미국인들이 각자 하루에 먹는 음식량을 생산하기 위해서는 거의 3주간의 노동을 필요로 한다는 의미이다.[14]

너무도 명확한 것은 화석연료 생산이 감소하게 되면 식품 생산을 위해 가용한 에너지 역시 감소한다는 점이다.

미국의 소비

미국인 한 사람은 1년 동안 평균 2,175파운드의 음식을 소비한다. 이는 미국 소비자 1인이 하루 평균 3,600칼로리의 에너지를 섭취한다는 뜻이다. 세계의 평균은 하루 2,700칼로리이다.[15]

1994년에서 1996년에 걸친 조사 결과에 따르면, 매일 미국인의 1/4이 패스트푸드를 먹는다. 이 숫자는 5년 전의 유사한 조사에서 나타났던 미국인의 1/6이 패스트푸드를 먹는다는 결과에 비해서 크게 증가한 것이다. 패스트푸드는 평균적인 미국인의 1일 영양섭취의 최대 1/3까지 공급한다.[16] 그리고 이 조사가 이뤄진 이후 수 년 동안 이 수치가 상승했을 것이라고 믿을 만한 이유는 충분하다.

보통의 미국인 칼로리 섭취의 1/3이 동물성 식원(유제품 포함)에서 오는데, 이는 연평균 1인당 8백 파운드에 달한다. 이는 미국인들이 섭취하는 열량의 40%를 지방을 통해 충당한다는 의미이며, 이는 식사의 절반에 해당된다.[17]

미국인들은 또한 물의 대량 소비자이다. 약 10년 전을 기준으로 할 때 미국인들은 1,450갤런/일/인(g/d/c)을 소비했는데, 이중 농업에 의한 소비가 가장 많았다. 인구 증가 예측치를 고려하면 2050년 소비는 700g/d/c로 감소할 것인데, 이는 물 전문가들에 따르면 인간 필요의 최소량에 해당한다.[18] 이는 화석연료 생산 감소를 고려하지 않은 것이다. 화석연료가 줄어들면 관개 장비를 가동시키기 위한 에너지 역시 부족해질 것이다.

미국인이 소비하는 이 모든 먹거리를 공급하기 위해서 연간 12억 파운드의 농약을 사용하고 있다. 미국은 약 50-60억 파운드로 추정되는 연간 세계 총 농약 소비의 1/5을 차지한다. 이는 남성, 여성, 어린이를 모두 포함하는 미국인 각각이 5파운드의 농약을 소비한다는 것을 의미한다.[19] 탄화수소로 이뤄진 살충제로는 메틸파라티온(Methyl Parathion), 알드린(Aldrin), 디엘드린(Dieldrin), 엔드린(Endrin), 엔도설판(Endosulfan), 클로르데인(Chlordane), DDT, 헵타클로르(Heptaclor), 키폰(Kepone), 린데인(Lindane), 미렉스(Mirex), 그리고 톡사펜(Toxaphene) 등이 있으며, 그 외에도 많이 있다. 이 모든 농약들은 복합 탄화수소 구조 때문에 강력한 신경계 독소이며 환경에 매우 지속적인 영향을 끼친다. 세계에서 가장 흔히 사용되는 제초제인 몬산토의 라운드업(Roundup)은 탄화수소물을 기반으로 한 것은 아니다. 그것은 인과 질소로 구성된 화합물이다. 그러나 라운드업은 인체에 무해하다는 몬산토의 주장은 반박당하고 있다. 라운드업은 비-호지킨성 림프종 발병과 상관이 있다.[20]

질병관리센터(Center for Disease Control)가 제공한 자료를 기반으로 한 최근 연구에 따르면 거의 모든 미국 거주인의 몸에 농약이 잔류되어 있다. 평균적인 미국인은 자신의 체내에 13종류의 농약 또는 농약 분해 산물을 가지고 있다. 실험 대상의 거의 모든 사람들에게서 가장 널리 발견된 화학물질은 (흔히 상품명인 더스반Dursban으로 알려진 살충제 대사물질인) TCP와 (DDT의 분해 산물인) 유기염소계 농약(p,p-DDE)이다. 어린이들이 농약을 가장 많이 함유하고 있었으며, 그 다음이 여성, 멕시코계 미국인

이었다. 이 농약 중 다수는 안전기준을 훨씬 초과하는 양이 체내에 있었다.[21]

지난 20년간 탄화수소계 농약의 미국 내 사용은 33배 증가했지만 해마다 곡물의 더 많은 양을 병충해로 잃고 있다.[22] 이는 전통적인 작물 돌려짓기를 중지한 결과이다. 미국 옥수수의 거의 50%는 단작을 통해 생산된다.[23] 이는 옥수수 병충해를 증가시키며, 이는 다시 더 많은 농약 사용으로 이어진다. 옥수수 작물에 사용되는 농약의 양은 유전자 조작 농약-저항성 옥수수가 도입되기 이전에 이미 일천 배 증가했다. 하지만 옥수수 손실은 계속해서 4배 증가했다.[24]

세계적으로 해마다 자연자원을 통해 공급할 수 있는 것보다 더 많은 질소 비료가 사용된다. 마찬가지로 다시 채워질 수 없이 빠른 속도로 대수층의 지하수를 끌어 쓰고 있다. 인과 칼륨 같은 귀중한 광물질들이 빠르게 고갈되고 있다.[25]

미국의 총 에너지 소비는 곡물과 삼림 생산물로 수확되는 태양 에너지 양의 3배 이상이다. 미국은 식물 바이오매스에 의해 확보되는 태양 에너지의 총량의 140% 이상을 해마다 사용한다. 북미인들의 1인당 화석 에너지 사용량은 세계 평균의 5배이다.[26]

우리의 번영은 우리 이웃, 지구상의 다른 생명, 그리고 우리의 아이들을 전혀 고려하지 않은 채 세계의 자원이라는 기본 자산을 최대한 빨리 소진시키는 데 기반을 두고 있다.

푸드 마일

푸드 마일이란 생산된 곳에서 소비되는 곳까지 먹거리가 이동한 거리를 의미한다. 지난 이십여 년 동안 푸드 마일은 주로 세계화에 의해 극적으로 증가했다. 1981년에 미국을 횡단해서 시카고 시장으로 들어오는 먹거리는 평균적으로 1,245마일을 이동했다. 1998년에 이 수치는 1,518마일로 22% 증가했다.[27] 1965년 미국에는 78만 7천 대의 대형 화물 트럭이 등록되어 있었으며, 이들 트럭은 약 67억 갤런의 연료를 소비했다.[28] 1997년에는 179만 대의 대형 화물 트럭이 2백억 갤런의 연료를 소비했다. 1979년에 데이비드 피멘텔과 마르시아 피멘텔은 모든 식품 및 관련 제품의 60%가 트럭에 의해 그리고 나머지 40%가 기차에 의해 운송되는 것으로 추정했다.[29] 1996년에는 신선 농산물의 거의 93%가 트럭에 의해 운송되었다.[30]

이 연구들은 식품의 미국 내 이동에 대해서만 고려하고 있다. 만일 모든 수입 식품을 고려해서 그들이 최종 종착지에 도달할 때까지의 거리를 고려하면 푸드 마일은 엄청나게 증가한다. 1968년에서 1998년까지 30년 동안 세계 식량 생산은 84% 증가했으며, 세계 인구는 91% 증가했고, 식품 교역은 184% 증가했다.[31]

과일의 39%, 채소의 12%, 양고기의 40%, 그리고 어패류의 78%를 포함해서 미국에서 소비되는 식품의 점점 더 많은 부분이 다른 나라에서 생산된다.[32] 전형적인 미국인의 식단은 평균적으로 최소한 5개 국가에서 수입된 식재료를 포함하고 있다.[33] 전체적으로 볼 때, 1995년에서 1999년 사이 미국의 농산물 수입은 무게 기준으로 26% 증가했다.[34]

가중평균기준거리(WASD: weight average source distance)라는 척도를 사용한다면, 한 연구는 캐나다의 토론토의 소비자에게 도달하는 식품은 평균 3,333마일을 이동했다고 밝혔다.[35] 푸드 마일을 계산하는 것은 보이는 것처럼 단순하지 않다. 예를 들어 미국과 캐나다로 들어오는 대부분의 식품은 LA를 통과한다. 심지어 북미 내에서 배성되는 식품조차 먼저 LA로 보내진다. 캐나다 국경에 바로 인접해 있는 워싱턴 주의 사과와 배는 토론토로 가기 위해서 캘리포니아의 당근보다 더 긴 여행을 하게 된다.[36]

포도에 대한 한 연구에 따르면 1972-73년 아이오와에 도착하는 포도의 WASD는 1,590마일이었는데, 1988-89년 이 수치는 2,848마일로 증가했다. 1998-99년에는 멕시코산 포도 수입 증가 덕분에 이 거리는 2,839마일로 약간 감소했다.[37]

이런 현상은 북미만의 문제는 아니다. 영국에서 1978년에서 1999년 사이 먹거리의 이동거리는 50% 증가했다.[38] 전형적인 아침식사(사과, 빵, 버터, 치즈, 커피, 크림, 오렌지 주스, 설탕 등)의 푸드 마일에 관한 스웨덴 연구는 전체 식사의 이동거리 추정치가 지구 한 바퀴의 거리에 상응한다는 사실을 발견했다.[39]

푸드 마일의 증가는 물론 화석연료 소비 증가에 의해 가능했다. 즉 값싸고 넘쳐나는 화석연료가 먹거리 생산의 세계화와 지역화된 식품생산 구조의 약화를 부추겼다. 화석연료가 비싸지고 부족해지면서 이 체계는 점점 더 부담을 받게 될 것이고, 결국에는 붕괴되어 지역 공동체들은 자신들이 먹을 것이 사라지는 상황에 빠질 것이다.

먹거리의 세계화는 지역의 농민들에게도 부정적인 영향을 끼친다. 미국의 값싼 수입 곡물과 더 이상 경쟁할 수 없는 제3세계 토착 농민에서부터 농업 다양성을 상실하고 있는 미국 중서부의 농장에 이르기까지 세계화로 말미암아 식량보장(food security)이 위협받고 있다.

세계에서 가장 비옥한 농토 중 하나인 아이오와를 살펴보자. 1920년 아이오와에서는 적어도 1%의 농장이 34종류의 다양한 농작물을 경작했으며, 절반 이상의 농장은 10종류의 농산물을 생산했다.[40] 1870년에 아이오와에서 소비되는 거의 모든 사과는 지역에서 생산됐다.[41] 1999년에 이르면 아이오와에서 소비되는 사과의 15%만이 지역에서 생산되는 것이었다.[42] 대체로 1970년대에 아이오와 농민의 1%만이 과일이나 채소를 생산하지 않았다. 1997년에는 아이오와 농장 절반 이상이 옥수수나 대두만을 생산했다.[43] 한때 단 옥수수 통조림 생산 세계1위였던 아이오와 주는 1998년 주 전체에 겨우 2개의 통조림 공장만이 남았다.[44] 대부분의 아이오와 농장들은 육류를 제외하고는 더 이상 아이오와 소비자들에게 직접 식량을 공급하기 위해 생산하지 않는다.[45]

세계화된 식량생산은 식량보장을 위협한다. 이는 지역식량체계의 붕괴 때문만이 아니라 질병, 침습적인 외래 종(種), 그리고 독소를 수입하기 때문이다. 독소 유입은 미국 내에서는 사용금지된 농약이 외국에서 사용됨으로써 발생한다. 먹거리 생산과 시장 사이의 거리 증가는 소비자들의 무지를 초래하는데, 왜냐하면 소비자들은 자신들이 소비하는 식품의 진정한 사회적 환경적 비용에서부터 분리되기 때문이다.

이제껏 인식되지 못한 이 모든 비용들을 이해하는 유일한 방법은 매우 복잡한 절차인 생애주기 평가를 통해서이다. 예를 들어, 커피 생산의 생애주기 평가는 콜롬비안 자바 커피 한 잔이 다음과 같은 전 지구적 영향을 끼친다는 점을 보여 준다.

- 콜롬비아의 안티오키아 지역에서는 멸종 위기에 놓인 운무림(雲霧林)이 벌채되었고, 해마다 강 유역이 농약 사용에 의해 몇 차례나 오염되었다.

- 유럽의 론 강 계곡(Rhone River Valley)의 농약생산 폐수는 론 강을 세계에서 가장 오염된 하천의 하나로 만들었다.
- 파푸아 뉴기니에서는 빼앗은 원주민 부족의 땅에서 채굴된 철광석으로 원두를 실어 나르는 배를 만들며, 이는 토지를 오염시키고 불안정하게 하였다.
- 뉴올리언스에서 원두를 볶고 플라스틱으로 포장하는데, 이 플라스틱은 베네수엘라와 중동에서 유조선을 통해 선적된 석유로부터 만들어진 것이며 루이지애나의 흑인이 많이 거주하는 '암의 지역'이라고 불리는 곳에 위치한 공장에서 생산된다.
- 호주 원주민의 조상들이 살던 땅에서 보크사이트 원광석이 포장팩에 사용되는 알루미늄을 만들기 위해 노천 채굴된다.
- 보크사이트는 미국의 서해안에서 컬럼비아 강의 수력발전을 활용해서 제련된다. 수력발전은 지역 아메리칸 인디언들의 연어 어업을 파괴했다.
- 필라델피아 근처 공장에서 포장된 커피를 운반하기 위한 기름이 정유되는데, 이곳에서는 심각한 대기 및 수질 오염이 암의 집단 발병, 어류 오염, 그리고 델라웨어 강 유역의 수변 야생 생물의 감소의 결과를 낳고 있다.
- 대륙 전체에서 한 잔의 커피는 여러 방식으로 석유, 천연

> 가스, 그리고 석탄에 의존하고 있다. 식료 회사 임원과 잡지 및 TV에 커피 광고를 내보내는 미디어 관련 임원의 고층건물 사무실에 불을 밝히고, 냉난방을 하는 것까지 포함해서.[46]

세계화된 식품이라면 그 어느 것도 유사한 생애주기 평가가 가능하다. 그 모두가 환경 파괴와 훼손, 토착 주민과 문화적 소수자에 대한 착취, 그리고 화석연료의 낭비를 보여 줄 것이다. 이런 체계는 파괴적이며 지속가능하지 않다.

우리 농업과 식품체계 전체가 값싼 화석연료를 기반으로 하고 있을 뿐 아니라 그 화석연료를 현명하게 아껴 쓰지도 않는다. 우리는 화석연료를 단기적인 이윤을 극대화하기 위해 파렴치한 소비주의로 낭비하며, 이를 통해 한때는 우리 문화를 지탱해 주던 지역화된 체계를 파괴하고 있다.

5

석유시대의 종말

현대 문명은 탄화수소물로부터 추출한 값싸고 풍부한 에너지 기반 위에 세워진 것이다. 탄화수소물은 단지 운송수단에만 사용되는 게 아니다. 현대 기술의 모든 동력을 탄소가 제공해 주고 있다. 잠시 여러분 가정의 환경을 생각해 보자. 탄소는 여러분을 일터나 시장에 데려다 주는 것뿐만 아니라 실제로 여러분을 둘러싼 모든 것들에 사용된다. 집과 가구는 탄소 에너지를 사용해서 지어진 것이다. 의자가 금속 주형을 갖고 있다면 그 금속도 탄소로 제련된 것이다. 카펫과 폴리에스테르 의류도 탄소로 만들어진 것이다. 주위의 모든 플라스틱은 탄소로부터 추출되었다. 심지어 이 책도 탄소를 사용해서 인쇄되고 유통된 것이다. 지갑 속에 있는 돈의 가치도 석유에 의존한다. 앞 장에서 우리는 근대 농업이 석유와 천연가스에 얼마나 종속되어 있는지 확인했다.

산업혁명 이전의 모든 문명은 노예노동의 힘을 통해 형성되었다. 미국조차도 초기에는 노예들의 노동에 의존했다. 산업혁명은 노예제도와 모든 속박상태를 쓸모없게 만들었다. 첫 번째로 용광로를 움직이는 동력을 제공한 것은 석탄이었다. 그러나 이내 석탄은 훨씬 더 월등한 열량을 함유한 석유로 대체되었다. 인류가 석유 자원을 본격적으로 개발하기 시작한 것은 1800년대 후반부터이다. 저렴하면서도 높은 열에너지를 지닌 풍부한 석유 자원은 지난 백 년 동안 기술혁신을 일으켰다. "노예에 맞먹는(slave equivalents)" 값싼 탄소-기반 에너지의 추정치는 다양하지만, 우리 모두가 수많은 탄소 노예들의 봉사를 받고 있는 점에는 의심의 여지가 없다.

이 책 앞쪽에서 우리는 석유가 어떻게 생물학과 지질학적 과정의 조합을 거쳐, 이제는 더 이상 존재하지 않는 특정한 환경조건에 의해서 만들어졌는지를 살펴보았다. 이러한 생물-지질학적 과정을 통해 수만 년 동안 태양 에너지가 축적되어 탄화수소물로 전환된 것이다.

이제 인간으로 들어가 보자. 여기 상당한 규모의 석유매장량을 발견한 운 좋은 탐사팀이 있다. 석유를 뽑아 올릴 유정들이 뚫린다. 이제 땅속 석유가 석축 위에 맺힌 습기와 같은 비율만큼 흐르지만, 가장 큰 차이점은 석유가 훨씬 높은 압력을 받는다는 점이다. 새로운 유정이 뚫리고 나면, 그렇게 열린 구멍을 따라 주변에 압축되었던 석유들이 즉각적으로 쏟아져 나오는 통로가 만들어지고, 마침내 표면으로 용솟음치기 시작한다. 그 결과는 많은 영화에서 봤던 전형적인 원유 분출이다. 그러나 압력이 유정 주변과 같아지면, 원유를 바위와 퇴적물을 뚫고 지상까지 끌어올리는 데 더 많은 에너지가 소모된다. 마침내 여러분은 원유를 뽑아내기 위해 꼭 그만큼의 에너지를 투입해야 할 지점에 이른다. 이 시점에 다다르면 생산은 종료되고 유정은 영원히 봉인된다.

여러분이 시간 변화에 따른 석유 생산 곡선을 그려보면, 그것은 전형적인 종모양의 곡선과 같을 것이다. 생산 곡선은 제로 상태에서 시작해서 최고 정점 생산율까지 올랐다가 다시 떨어지기 시작한다. 생산 곡선의 하강 부분은 석유를 생산하는 데 더 많은 에너지가 투입되고 있으며, 그만큼 석유가 비싸진다는 것을 의미한다. 1950년대와 60년대에 석유 지질학자 허버트(M. King Hubbert)는 한 분야에서 수집된 원유 유정의 분석표들을 결합해서 전체 분야의 생산 곡선을 그릴 수 있는 방법을 개발했다. 그로부터 허버트 박사는 여러 지역들과 심지어 국가들의 생산 곡선을 개발하는 데까지 나아갔다. 산업 자료들을 활용함으로써 허버트 박사는 자신의 생산 곡선을 약 30년의 시간이 지체

된 발견율(discovery rate)과 연결시킬 수 있었다.

이러한 방법론을 활용해서 허버트 박사는 미국에서 원유 생산은 1970년에 정점에 도달할 것으로 예측했다. 이러한 예측 때문에 허버트는 조롱과 비난을 받았다. 통용되던 지식들은 미국지질학조사에 의해 뒷받침된 것으로 원유 생산이 이후에도 계속해서 늘어난다는 것이었다. 불행하게도 허버트가 옳았다. 미국에서 원유 생산은 1970년대 초반 정점에 이른 이후부터 감소하기 시작했다. 지금 현재 필요한 원유의 절반 이상을 수입하고 있다. 1970년 초반의 미국 생산량이 최고점에 이르자 10년간의 원유파동이 발생하고 OPEC가 생겨났다. 그러나 당시에 미국은 국내 생산과 수요의 불일치를 보완할 수 있을 정도로 수입을 늘릴 수 있었다. 알래스카와 북해산 원유가 OPEC의 위력을 무력화시킬 만큼 재빨리 공급되었으며, 미국은 OPEC이 원유 판매의 기준 통화로 달러를 사용하도록 만들어서 세계의 원유 수호자가 되었다.

미국 원유 생산량이 최대치를 넘어선 이후 전 지구적 원유 생산 정점과 관련해서 수많은 예상들이 수 년 넘게 이어졌다. 많은 사람들이 그릇된 예견들을 뒤돌아보고 그것을 현재의 과학적 합의를 비난하는 데 활용한다. 그러나 그 어떤 초기 예견도 석유산업의 데이터베이스에 접근한 지질학자들에 의해 제기된 것이 아니다. 몇 년 동안 방법론이 개선되고 데이터베이스는 증가되었다.

1990년대 원유 지질학자들은 데이터에 전 세계 원유 생산 도표를 작성할 수 있을 정도로 충분한 자신감을 갖게 되었다. 이 분야의 대표적인 선구자는 석유 컨설턴트로 일하는 석유 지질학자 캠벨(Colin J. Campbell)과 라에레르(Jean H. Laherrère)이다. 석유 컨설턴트는 석유산업 분야에서 가장 완벽한 데이터베이스들을 갖고 있다. 1997년 원유산업 현황에 관한 석유 컨설턴트의 연간 보고서(1부당 값이 1만 달러나 호가했다)는 최대량 생산 문제를 매우 엄밀하게 다루면서 석유의 전 세계적 생산량이 21세기의 첫 10년 안에 매장량의 최대치 생산에 도달하고 약 2010년경부터 생산량 감소가 시작될 것으로 예상했다.

이후로 몇 가지 다른 독립적인 평가들이 이루어졌지만 대부분 석유생산량 감소 시기에 대한 견해들은 일치했다. 가장 주목할 만한 반대 목소리는 2000년에 나온 USGS 보고서인데, 이 보고서는 세계 원유 생산은 가장 짧게 잡더라도 2020년에 이르러서야 최대생산량에 다다를 것이라고 말했다. 그러나 USGS의 연구는 심각한 결함을 지닌 것으로 드러났다.[1] 발굴 가능성이 10퍼센트 이상의 매장량을 모두 유효한 매장량으로 계산한 것이다. 현실적인 기준은 50%이다. 출간 후 몇 년 안 돼서 USGS 보고서는 실제 생산량과 발견 비율과 비교할 때 신뢰하기 어려운 것으로 입증되었다.

원유 생산 자료에는 많은 문제가 있다. 석유산업은 안정적인 발견율 이미지를 강하게 남기기 위해 나중에 추가할 수 있도록 원유의 초기 발견을 축소해서 보고하는 경향이 있다. 안정된 발견율이 투자자들에게는 더 매력적이기 때문이다. 반면에, OPEC 회원국은 OPEC 체제하의 할당 생산량을 조정하는 경우에 자신들의 원유 매장량을 부풀리는 경향이 뚜렷하게 나타난다. 정치적으로도 일반 국민들이 자국의 석유 향연이 거의 끝났다는 사실을 알리기를 바라는 사람은 아무도 없다. 미국의 에너지정보국(EIA)은 비록 간접적 방식이나마, 우선 미래의 에너지 수요를 예측하고 그렇게 산출된 수요를 충족하기 위한 매장량과 생산량 수치를 공표했다.[2] 그 자료를 해석하는 데는 여러 가지 탐색적 작업이 필요하지만, 어쨌거나 일련의 과학적 합의에는 도달해 있다.

이는 캠벨과 라에레르(Campbell and Laherrère)에 의해 개발된 기준이다. 그들의 시나리오에 따르면, 우리는 지금 바로 최대 생산량에 도달해 있다. 현재, 세계 원유생산과 세계경제는 마치 탱고를 추듯 밀고 당김을 계속하고 있다. 원유 가격의 상승은 경제불황과 수요감소로 이어지고, 그것은 다시 생산 저하와 원유 가격 완화를 가져와서 경제적 반등이 다시금 생산을 초과한 수요의 증대를 일으킨다. 물론, 이는 단순화된 모델이다. 이는 석유 전쟁의 영향은 말할 것도 없고, 다른 모든 경제적인 요

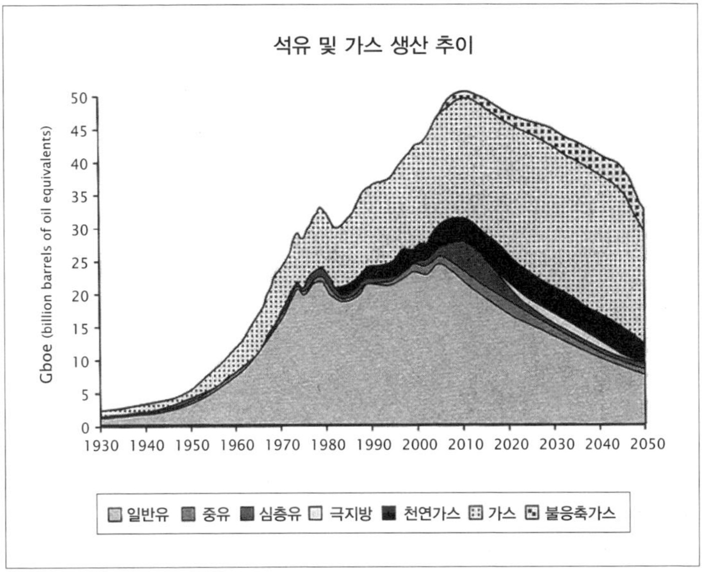

인과 원유와 관련된 요인들을 포함하는 넓은 여지가 필요할 것이다.

그러나, 거대 석유회사들이 자신들끼리 약속된 방식으로 발표하기 시작하면서 석유사업의 미래가 예전 같지 않을 것이라는 점을 그들도 알고 있음을 암시하고 있다. 생산과 발굴에 투자하는 대신에, 모든 정유회사들은 탐사팀을 축소하면서 자신들의 재산을 지켰다. 어떤 회사도 성장하는 산업이라는 말을 꺼내지 않는다. 그리고 내부자들은 그 어디서도 초과 설비를 발견하기 어렵다는 사실을 알고 있다.

아프카니스탄 전쟁 전에는 카스피해에 중동 지역에 필적할 만한 원유가 매장되어 있을 것이라는 큰 기대가 있었다. 그러나 탐사결과는 매우 실망스러웠다. 카스피해 지역은 애초 예상했던 것 같은 원유가 매장되어 있지 않았고, 발견된 원유는 유황에 의해 크게 오염된 것으로 밝혀졌다. 결과적으로 거대 원유회사들은 카스피해 지역에서 철수하기 시작했다.

어떤 이들은 러시아를 사우디아라비아의 라이벌 산유국으로 지목한다. 그러나 이러한 주장은 러시아가 소비에트연합이 붕괴되면서 불안정해진 생산 능력을 단지 회복하려는 것일 뿐이라는 현실을 놓치고 있다. 러시아의 원유생산은 1987년에 최고점에 도달했다.[3] 다음의 그림에 나타난 것처럼, 이전 소비에트연합의 붕괴 때문에 1980년대 후반 러시아 원유생산의 최고점을 통과한 이후에 대부분 급감했다. 이후로 1990년대를 거치면서 다시 급격한 생산 증대가 이루어져 현재에 이르고 있다. 원유생산이 가파르게 상승한 이유는 러시아 원유산업이 부활하여 공세적인 생산 기술들이 적용되었기 때문이다. 이와 같은 러시아의 적극적 생산의 대가는 더 빨라진 오일피크와 급격한 쇠락일 것이다. 모스크바뉴스의 보도에 따르면, 러시아 석유가스 생산자 연합 회장인 유리 샤프라니크(Yuri Shafranik)는 2004년 11월 9일 발표에서 러시아가 최대 생산량에 거의 도달했으며 2년 이내에 생산량 감소가 시작될 것이라고 말했다. 샤프라니크는 세계에너지기구(IEA)의 전문가를 인용했다.[4]

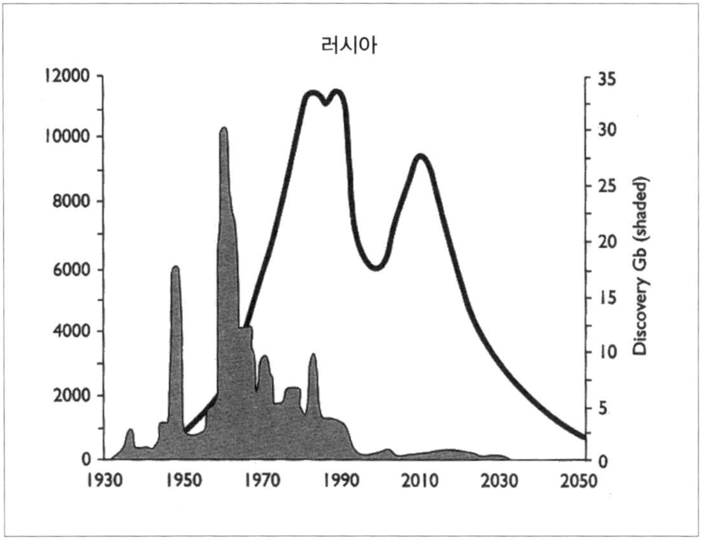

던컨과 영퀴스트는 1990년대 후반 세계 원유생산을 모델화하기 위한 시스템을 개발했다. 이 모델을 바탕으로 모의실험을 하면서, 그들은 북해 크기의 매장량과 맞먹는 원유에 다른 추가적인 단위들을 덧붙여서 원유의 가치를 측정하는 시도를 했다. 이러한 새로운 단위들은 오일 피크가 최고치 생산을 변화시키는 어떤 영향도 미치지 못한 이후에 만들어졌다. 그러나 이들은 몇 개의 추가적인 단위들이 만들어진 시점이 오일피크가 최고치 생산 시점을 약 1-2년가량 뒤로 연장하기 이전에 만들어진 것임을 알아냈다. 그것은 몇 개의 새로운 북해 유전이 발굴된 것만큼일 것이다.[5] 그러나 원유 탐사 지질학자들은, 지금부

터 발견되는 모든 유전들은 작고 고립된 매장지일 것임을 경고했다. 우리의 지식과 기술적 진보 전체가 우리에게 기껏 알려준 것은 이제 새로운 원유는 없다는 것이다.

아직도 단지 돈 문제일 뿐이라고 말하는 경제학자들이 있다. 원유 탐사와 채굴에 충분한 돈을 쏟아부으면 생산량이 늘어날 것이라고 말한다. 이는 현실적 경험들과 어긋나는 모순으로 보인다. 지난 30년 이상 동안 투자증대와 기술진보는 석유탐사와 발굴에서 매우 미미한 성과만을 거두었기 때문이다. 그렇지 않다면 원유산업이 축소되지는 않았을 것이다.

어떤 이들은 우리가 더 나은 에너지원을 발견하면 탄소를 포기할 것이라고 말한다. 이러한 주장은 사암(탄화수소물을 포함한 타르 모래)처럼 재생 불가능하고 보잘것없는 자원이나 석탄과 달리, 탄소만큼 많은 에너지를 전달할 수 있는 다른 에너지원은 없다는 점을 무시한 것이다.

미국 에너지부 장관을 역임했던 스펜서 에이브러햄을 포함해서 연료전지에 의해 운영되는 세계를 주창하는 많은 신봉자들이 있다. 수소연료전지 옹호론자들이 말하지 않는 것은 바로 수소연료전지들이 에너지 자원은 아니라는 사실이다. 그것들은 더 정확히 말하면 에너지가 저장된 형태일 뿐이다. 자연 상태에서 수소는 홀로 발견되지 않는다. 수소는 다른 공급 물질로부터 생산되어야만 하는 것이다. 또한 수소결합을 파괴하는 것이

수소결합을 가공하여 얻어질 수 있는 것보다 더 많은 에너지가 필요하다는 점도 언급되지 않고 있다. 이것은 열역학 제2법칙에서 제시된 기본적인 화학적 성질이다. 결과적으로, 수소 연료전지는 언제나 순 에너지 손실을 갖게 될 것이다. 게다가 주장하는 것처럼 깨끗하지도 않다. 오염은 단지 개인 자동차로부터 순수 수소가 발생하는 공장으로 옮겨질 뿐이다. 수소연료전지 신화가 대중들과 투자자들이 공황에 빠지지 않도록 활용될 여지가 매우 높다.

진실은 피크오일이 이미 21세기 초반의 모든 주요 사건들에 영향을 미치고 있다는 사실이다. 그리고 앞으로 다가올 수 년 이내에 가장 개인적인 수준에서 우리 삶의 모든 것들에 큰 영향을 미칠 것이다. 이러한 충격은 주유기에서만 감지되는 것은 아닐 것이다. 화석연료 고갈의 영향은 식품가격 인상에서도 감지될 것이다. 그리고 우리가 먹거리 체계를 완전히 바꾸지 않는다면, 곧 먹거리 부족과 대량 기아에 직면해서 느끼게 될 것이다. 대중들에게 더 많이 알려질 필요가 있다. 우리 문명은 이전 역사에서 한 번도 경험하지 못한 급진적인 변화를 경험하기 시작했다. 우리가 지휘권을 위임한 사람들은 보편적인 복지보다 자신들 개인의 이익에 더 관심이 있을 뿐이다.

천연가스 절벽

천연가스는 농업에서 어느 모로 보나 석유만큼 중요하거나 어쩌면 더 중요할 수도 있다. 모든 인공비료들은 천연가스에서 추출된다. 우리가 천연가스로 부르는 것은 실제로 탄화수소 가스의 혼합체이다. 메탄이 주성분의 하나이다. 비료생산은 메탄을 암모니아로 변형시키는 것으로, 암모니아는 다시 암모니아-기반 비료를 생산하는 데 사용된다. 천연가스는 또한 관개 시스템의 동력이나 육류 공장들의 실내 난방을 위해 사용된다.

천연가스 생산의 상태는 석유 생산과는 다르지만, 그렇다고 더 전망이 밝은 것은 아니다. 땅에서 석유를 뽑아 올리는 작업이 모래 체를 이용해서 사탕수수 액을 걸러 내는 것과 같다면, 천연가스를 채굴하는 것은 자동차 타이어에 구멍을 내는 일과 비슷하다. 그것은 석유가 액체인 반면에 천연가스는 기체이기 때문이다. 타이어에 구멍을 뚫으면, 타이어의 내부와 외부의 공기압이 같아질 때까지 공기는 계속해서 타이어 바깥으로 새나갈 것이다. 타이어에서 남아 있는 공기를 빼내려면 진공 펌프를 갖다 대거나 안쪽 튜브를 압축해야 한다.

천연가스의 주요부에 접근하는 것은 석유에 접근하는 것보다 비용이 덜 든다. 일단 유정이 뚫리면 가스수송관에 연결시켜야 한다. 천연가스 생산은 산지(field)에서 처음 생산이 시작된 시점부터 급격하게 증가해서 가스 생산지가 가스정으로 완전히 뒤덮일 때까지 높아진다. 이후 생산량이 감소하게 되면 그 상태에서 끝없이 머물러 있다. 일단 가스 생산량이 바닥을 드러내면 더 이상 산출량을 높이기는 어렵다. 생산을 늘리려면 다른 생산지를 찾아야만 한다. 예상할 수 없는 시점에서 가스 생산지에서의 생산은 급격하게 감소하기 시작할 것이다.

우리는 여기서 가스를 다루고 있기 때문에 측정수단은 석유와 다르다. 석유는 배럴이나 입방미터(m^3)으로 측정된다. 천연가스는 대체로 10억 입방피트(Bcf)나 조 입방피트(Tcf)로 계량된다. 1조 입방피트는 무척 많은 것처럼 들리지만, 가스는 석유보다 밀도가 낮기 때문에 에너지 함유량이 적다는 사실을 기억해야 한다. 미국의 천연가스 수요량은 2010년까지 연간 30조 입방피트로 증가할 것으로 예상됐었다. 한때, 천연가스의 대부분은 멕시코만에서 충당될 것으로 믿어져 왔으나, 미국 광물관리국은 멕시코만에서의 생산량이 2005년 6조 1천억 입방피트로 최고점을 기록한 이후 최소한 5%에서 7%가량 감소하기 시작할 것으로 예측했었다.[6]

전반적으로 북미의 천연가스 생산 전망은 밝지 않다. 멕시코의 생산은 2002년부터 낮아지기 시작했다. 멕시코는 2000년도부터 천연가스를 미국에 수출하는 것을 멈추었고, 그 이후로 순 수입국이 되었다.[7] 미국의 생산은 꽤 오랫동안 정체기에 놓여 있다. 대규모 천연가스 발굴지들이 고갈되어 감소 추세에 있다. 미국의 생산 역사는 새롭게 발견된 가스정들이 매번 순식간에 바닥나고 있음을 보여 준다: 현재 감소율은 28%이다. 이것이 한편으로는 높아진 수요 때문이기도 하지만, 천연가스의 대다수 매장량이 너무 오래돼서 쇠퇴 말기에 해당한다는 사실에 기인한다. 새로운 매장물은 소규모인 경향이 많았고 전체 생산수준을 유지하기 위해 순식간에 소진되었다.[8]

미국은 높은 수요와 낮은 생산 차이를 메우기 위해 캐나다에 기대기 시작했다. 캐나다는 현재 미국 가스 수요의 최소 13%를 공급하고 있다. 그러나 캐나다의 대부분 지역에서도 생산량이 낮아지기 시작했으며, 수 년 내에 캐나다의 천연가스 생산은 나락으로 곤두박질할 것으로 보인다.[9]

전 세계적으로 최소한 향후 10년, 또는 다른 추정에 따르면 20-30년 이내에 천연가스 생산이 감소하기 시작하지는 않을 것이다. 그러나 우리는 한 종류의 가스를 얘기하고 있기 때문에, 세계 생산은 지역 생산만큼 중요하지는 않다. 미국 필요량의 대부분을 충족시키는 북미의 천연가스 생산을 살펴봐야만 하는 것이다. 천연가스는 가스관을 통해 가장 쉽게 수송된다: 즉 해외로 수송하기는 어렵다. 배로 운송하는 유일한 효과적인 방법은 액화시켜 특수하게 설계된 냉동탱크에 실어 운송한 후 다시 기체상태로 되돌려 놓도록 특수하게 설계된 시설에 내려놓는 것이다. 이러한 과정에서 15%에서 30% 사이로 추정되는 에너지 손실이 발생한다.

현재, 미국에는 루이지애나, 조지아, 메릴랜드, 매사추세츠에 위치한 단 4개의 액화천연가스(LNG) 가공 시설이 있다. 2003년 하루 평균 수입량은 1.5Bcf였다. 하루 천연가스 수요량 67Bcf의 2%에 해당하는 양이다. 2006년 말에 하루 3Bcf를 추가할 것으로 기대하지만, 2010년경에는 수요량이 77Bcf로 상승할 것으로 예상된다.[10]

오늘날 세계적으로 LNG 탱크 선박은 140척으로 하루 14.5Bcf를 수용할 수 있다. 2000년대 말경에 이르면 미국이 자국의 필요를 공급하는 데 이 배들이 모두 필요할 정도가 될 것이다. LNG 선박을 한 척 건조하는 데 평균 1억 5천5백만 달러가 든다. 따라서 가스탱크 선박에만 130억 달러의 투자가 필요하다. 여기에 30개 이상의 새로운 LNG 프로젝트와 연관된 수송관 비용을 더하면 필요한 투자액은 1천억 달러가 훌쩍 넘어간다. 미국의 현재 예산 적자와 경제 불황을 고려하고, 게다가 전세계의 천연가스 생산이 향후 10년에서 30년 이내에 최고 정점에 달할 것이라는 사실을 감안하면 이러한 막대한 투자는 불가능할 것이다.[11]

이런 이유로 정치인과 그들을 후원하는 기업들이 목소리를 높여 현재 생산이 제한되어 있는 알래스카 지역과 캐나다 북극지역, 로키산맥, 그리고 심해로 천연가스 개발을 확대해야 한다고 주장하는 것이다. 그러나 이 지역들의 자원들을 개발하기 위한 수송관과 굴착시설에 대한 전체 투자비용은 LNG 개발 비용보다 훨씬 높다: 기반시설 비용이 약 1천2백억 달러로 추정된다. 그리고 이러한 기반시설 공사가 시작되고 난 시점부터 가스 개발을 상용화하는 데 5년에서 7년이 걸릴 것으로 보인다. 종합해 보면, 지금 현재의 수요를 적용한다 해도 채 10년이 안 되는 천연가스의 가치에 대해 논의하고 있는 셈이다.[12]

천연가스가 더 비싸지고 구하기 어려워지면서 우리는 비료의 대체물을 찾아야 한다. 만약 대용물이 충분하게 공급되지 못한다면 현재의 황폐해진 토양에서도 충분한 수확물을 경작하기는 불가능하다. 그러나 현재 그냥 버려지고 있는 풍부한 천연 비료가 있다. 바로 유기질 비료, 거름이다. 이 책의 후반부에서 우리는 인간과 동물로부터 얻어지는 유기질 비료를 재활용함으로써 영양 순환을 마무리해야 할 필연성을 논의할 것이다. 그러나 이를 위해서는 특히 해로운 병원균이나 오염물로부터 정화를 하고 유기질 비료에 퇴비를 공급하는 가공 시설과 같은 기본설비에 막대한 비용이 필요하다.

북미의 천연가스 절벽(cliff)은 다가오는 에너지 위기의 또 다른 측면이다. 우리의 경제, 우리의 생활양식은 오일피크와 가스 절벽(gas cliff)의 틈바구니에 포박되어 있다. 오일피크와 가스 절벽은 앞으로 다가올 미래의 삶을 매우 힘들게 할 것이다.

6

농업의 붕괴

현대의 산업적 농업은 지속가능하지 않다. 현대 농업은 거의 한계에 도달해서 붕괴의 위험에 있다. 이 책의 앞부분에서 본 바와 같이 인간은 현재 지구의 거의 모든 농경지를 사용하고 있으며, 오직 한계지의 일부분이나 사막, 산악, 극지방 등과 같이 경작에 적합하지 않은 땅만이 남아 있다. 그 결과 지구를 지탱해 온 종의 다양성의 유지도 어려운 상황이다.

더욱이 토양과 수자원은 악화되어 거의 위기상황에 도달했다. 농장에서 재배하는 작물은 유전적으로 나약해졌고, 병충해에 약한 다수확교배종은 영양분의 최소한만을 제공하고 있다. 병충해로부터 농작물을 지키려는 대응이 지나쳐서 땅과 수자원, 심지어 먹거리조차 독성으로 오염되었다. 농경지는 단기적인 이윤을 극대화하려는 데 몰두하는 농업 관련 기업들에게 집중되면서 지역농업을 통해서 스스로를 지킬 수 있는 능력은 훼손되었다.

에너지의 고갈을 염두에 두지 않더라도 우리의 농업시스템은 이미 붕괴에 직면해 있다. 그러나 녹색혁명으로 인해 풍부하게 존재하는 값싼 먹거리는 인구의 기하급수적 증가를 가져왔다. 따라서 우리는 매우 심각한 질문을 해야만 한다. 산업적 농업에 의한 식량생산의 급증을 가능하게 한 풍부하게 존재하는 값싼 화석연료가 없다면, 지구가 과연 인구를 부양할 수 있을까? 만일 그러하다면 얼마나 부양할 수 있을까?

인구와 지속가능성

매해 1.1%의 인구성장률을 가정하면 미국의 인구는 2050년이면 현재의 두 배가 된다. 인구가 증가함에 따라 1인당 경작면적은 줄어든다. 현재 미국에서 먹거리 생산을 위해서 사용되는 1인당 경작면적은 1.8에이커이지만, 2050년이 되면 0.6에이커로 줄어든다. 그러나 현재의 영양 상태를 유지하기 위해서는 1인당 1.2에이커의 경작지가 필요하다.[1]

현재 지구상에서 곡물 주요 수출국은 미국과 캐나다 두 나라뿐이다.[2] 2025년이 되면 미국은 국내 수요를 충당하기 위해서 먹거리의 수출을 중단하게 될 것으로 예상된다. 미국은 매해 평균 4백 억 달러의 곡물을 수출하고 있기 때문에 수출중단이 미국경제에 미치는 영향은 매우 심각할 것이다. 더욱이 미국의 곡물수출이 없다면 지구의 수백만 명이 기아로 사망할 것이다.[3]

2002년 센서스에 의하면 미국 내 3,460만 명이 빈곤 속에서 살고 있다.[4] 이 수치는 놀랄 만한 속도로 증가하고 있다. 이들 중 대부분은 충분한 먹거리를 확보하지 못한다. 상황이 악화됨에 따라 이 숫자는 더욱 늘어날 것이고, 미국에서 굶주리는 사람도 증가할 것이다.

최소한 이러한 불행을 회피할 수 있는 방법이 있기는 하다. 손실, 낭비, 경영 비효율 등을 없애는 방식으로 농업을 개선하면 먹거리 생산에 투입되는 에너지를 절반으로 줄일 수 있다는 제안도 있다.[5] 화석연료에 기반을 둔 비료 대신 현재는 낭비되고 있는 가축분뇨를 사용할 수 있다. 가축분뇨가 공급할 수 있는 영양분은 비료를 통해서 공급되는 영양분의 5배에 이른다.[6] 아마도 가장 효과적인 방법은 우리의 식단에서 고기를 제외하는 것이다.[7]

마리오 잠피에트로와 데이비드 피멘텔은 지속가능한 먹거리체계는 다음 4가지 조건이 충족될 때만 가능하다고 말한다.

1. 환경적으로 건전한 농업기술이 확보되어야 한다.
2. 재생 가능한 에너지 기술로 대체되어야 한다.

3. 에너지 효율의 증가로 1인당 외부에서 조달하는 에너지의 소비가 감소되어야 한다.
4. 인구 규모와 소비는 환경적 과정의 안정과 조화를 이루어야 한다.[8]

위의 네 가지 조건 중에서 처음의 세 가지 조건이 충족되면서 1인당 에너지 소비량이 절반 정도로 줄어든다면 미국의 지속가능한 경제규모의 인구는 약 2억 명으로 보고 있다.[9] 또 다른 연구들도 비슷한 수준의 수치를 제시하고 있다.[10] 현재의 미국 인구가 2억 9,700만 명 이상 된다면 9,700만 명을 줄여야 한다는 의미이다.[11] 지속가능한 경제를 달성하고, 재앙을 피하려면 미국은 인구를 적어도 1/3을 줄여야 한다. 14세기의 흑사병으로 유럽 인구의 약 1/3이 사망했고, 유럽 대륙은 거의 2세기 동안 암흑기를 보냈다.[12]

부와 자원의 공정한 배분을 통해 인구감소의 경로에서 벗어날 수 있다. 고통을 최소화하면서 인구를 줄일 수 있는 방법을 찾아야 한다. 그러나 인구감소는 종족의 번식이라는 기본적 욕구와 상충되고, 인구감소가 사망 없이 이루어진 적은 없었다.

지금까지 이루어진 연구들은 화석연료 생산의 감소가 가져올 영향에 대한 고려를 하지 않았다. 이들 연구가 진행되는 시점에서 연구자들은 농업위기가 2020년 이후에나 영향을 미치

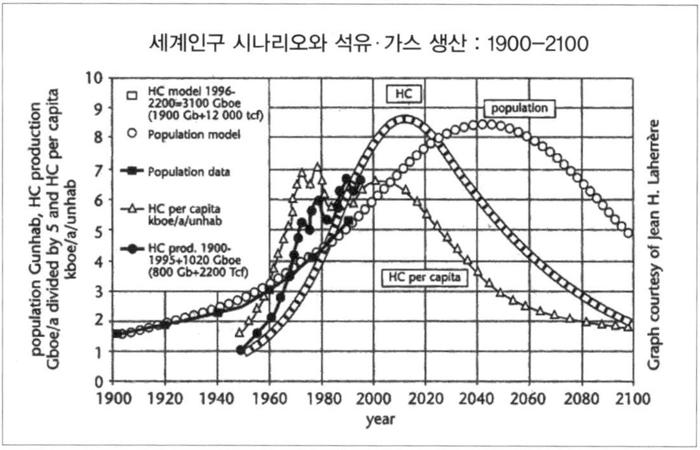

세계인구 시나리오와 석유·가스 생산 : 1900–2100

고, 2050년까지는 치명적이지 않을 것으로 생각했다. 현재 석유생산의 정점(그리고 2010년 이후의 생산 감소)과 북아메리카 가스 생산의 정점으로 인해서 이 농업위기는 기대했던 것보다 훨씬 빨리 나타날 것이다. 아마도 지속가능성을 위해서 미국의 인구 1/3을 줄이는 것은 필경 효과적인 방법은 아닐 것이다. 필요한 가축 규모가 절반을 넘을 수도 있다. 지구의 인구가 65억 명에서[13] 68%를 줄여서 20억 명으로 줄여야만 할 수도 있다.[14] 2010년대가 끝날 즈음이면 먹거리 가격이 요동칠 가능성이 크다. 그리고 2020년대에는 과거 인류가 전혀 경험하지 못한 지구적 규모의 대량 기아사태가 발생할 것이다.

북한의 사례

산업화된 국가에서 화석연료의 기반을 상실하게 되면 어떤 일이 일어날까? 불행하게도 바로 그 일이 북한에서 발생했다. 한반도는 석유나 가스가 생산되지 않는다. 북한은 필요한 에너지의 대부분을 소비에트연방에 의존했다. 소비에트연방의 몰락 이후 북한은 화석연료의 수입이 급감했다. 그 결과는 매우 심각했다. 북한은 남한 인구의 절반에 불과하다. 제2차 세계대전이 끝난 1945년에 한반도는 남과 북으로 분단되었다. 남한은 대체적으로 농경지역이었고, 복한은 공업지역이었다. 북한은 빈약한 토양의 생산성을 높이기 위하여 화석연료에 의존하는 농업을 추진했다.

1990년대까지 북한은 1인당 원유 12.3배럴에 해당하는 에너지를 사용했다.[15] 이는 같은 시기 중국의 1인당 사용량의 2배, 일본의 1/2에 해당하는 양이다. 북한은 10-100억 톤의 석탄이 매장되어 있는 것으로 추산되고, 개발가능한 수력발전량도 10-14기가와트에 이른다.[16] 그러나 북한은 석유와 천연가스 모두를 수입에 의존해야만 했다. 1990년에 북한은 러시아, 중국, 이란으로부터 1억 8,300만 배럴에 이르는 석유를 수입했다.[17]

북한의 에너지 위기

소비에트 연방의 몰락 이후 러시아로부터의 수입량은 90%나 감소했다. 1996년의 석유수입량은 1990년의 40%에 불과하게 되었다.[18] 북한은 필요한 석유를 중국에서 확보하려고 했으나, 중국은 1993년 초부터 모든 거래를 경화로 진행하면서 북한과 경제적으로 거리를 두었다. 또한 중국은 "우호곡물" 선적량을 1993년 80만 톤에서 1994년 30만 톤으로 감축했다.[19]

석유와 천연가스의 수입 급감으로 이미 무능력한 상태에 있던 북한은 1990년대 중반에 심각한 자연재해를 겪게 되었다. 1995년과 1996년에는 대홍수로 중요한 표토가 쓸려 나갔고, 기반시설이 파괴되었으며, 수력발전댐이 큰 피해를 입었고, 광산의 갱도도 범람으로 쓸모없게 되었다. 그리고, 1997년에는 이 대홍수에 이어서 극심한 가뭄과 거대한 쓰나미가 계속되었다.

북한은 에너지 자원의 부족으로 이러한 재앙을 준비하기도 어려웠고, 복구도 지연되었다. 북한은 낡은 기반시설로부터도 피해가 발생했다. 대부분의 기계와 산업설비들은 1990년대에는 교체되어야 할 상황이었다. 북한은 이미 막대한 외채를 상환해야 하는 불안한 상황이었기 때문에 필요한 외자를 추가적으로 도입하는 데 심각한 어려움이 있었다. 소비에트 연방의 해체 이후 북한은 기계나 동력기, 터빈, 변압기, 전동라인을 유지하는 데 필수적인 부품의 확보도 어렵게 되었다. 이처럼 북한은 기간시설의 붕괴로 석탄 및 전력생산이 감소되었고, 이 때문에 트럭, 철도 등의 운송능력도 저하되는 악순환에 빠져들었다.

1990년부터 1996년 사이에 에너지 자원의 부족은 상업적 에너지를 사용하는 모든 부문에 영향을 미쳤다. 북한은 목재에서 에너지를 얻는 방향으로 전환하여 남아 있던 삼림도 파괴되었다. 삼림의 황폐화는 더 많은 홍수를 초래했고 토양침식은 더 늘어났다. 초목이 퇴비로 이용되는 것이 아니라 난방용으로 태워지면서 토양은 황폐해졌다.

1996년이 되면 도로와 화물운송은 1990년의 40% 수준으로 감소했다. 광물과 철 생산량은 1990년의 36% 수준으로 감소했고, 시멘트는 32%로 감소했다.[20] 이로 인한 여파는 자동차, 건축, 농산업을 통해서 확산되어 나갔다. 에너지 부족은 주거용과 상업용 조명, 난방, 요리 등에도 영향을 미쳤다. 또한 이로 인해 삶의 질은 낮아졌고, 공중건강에도 나쁜 영향을 미쳤으며, 생산성은 저하되었다. 최근까지 병원은 겨울에도 난방을 하지 못하고 있으며, 병원의 의료장비에 필요한 전력도 부족한 상태에 있다. 1996년에는 전체 상업용 에너지 사용량은 51% 수준으로 떨어졌다.[21]

그 어떤 부문보다도 농업에서의 위기가 훨씬 심각했다. 에너지 위기는 기아를 가져오는 먹거리 위기로 연결되었다. 현대의 산업화된 농업은 화석연료의 투입이 어려워지면서 무너졌다. 그 결과 3백만 명 이상의 사람이 굶어 죽었다.[22]

북한 농업의 붕괴

다음 그림은 북한의 석유 사용과 농업 붕괴 사이의 관계를 보여 주고 있다.[23] 농업 생산량의 감소가 석유 사용량의 감소와 아주 밀접하게 나타나고 있다는 점에 유의해야 한다. 또한, 1997년 이후 석유 소비량의 증대가 농업 생산량의 증가와 일치하지 않는다. 농업이 회복되긴 했지만 1999년경에 또 다른 축소로 이어졌다. 회복세가 이어지지 못한 이유를 확정적으로 설명할 수는 없지만, 이는 농장 설비나 기반 시설의 미흡, 기후 불순, 그리고 지난 10년 이상 동안 진행된 토양에서 미네랄의 고갈 등 여러 요인들이 복합적으로 결합된 결과라고 할 수 있다. 어떻든 이 그림은 북한 농업의 붕괴를 요약하고 있으며, 또한 붕괴가 수반한 결과를 보여 주고 있다.

•비료

북한의 농업은 매해 대략 70만 톤의 비료를 필요로 했고,[24] 이중 80-90%의 비료는 스스로 생산해 왔다. 그러나 1995년부터 한 해에 10만 톤을 생산하는 것조차 어려움을 겪고 있다. 원조나 해외구매를 통해서 확보한 물량은 1999년 16만 톤으로 이는 필요량의 1/4 정도에 불과하다.[25]

북한의 비료산업은 석탄에 의존한다. 1년에 70만 톤의 비료를 생산하기 위해서는 150만 톤에서 2백만 톤의 석탄이 필요하

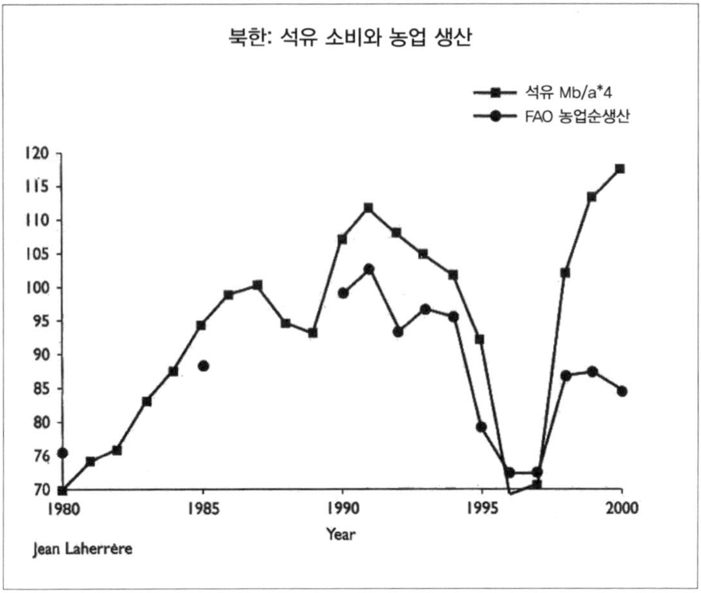

다.[26] 이 양을 확보하기 위해서 비료산업은 철강 생산, 전력생산, 가정난방과 요리 등 다른 많은 수요처와 경쟁해야 한다. 갱도가 물에 잠기고, 채굴 장비의 고장으로 석탄 생산은 급격하게 감소되었다. 철도시설의 붕괴로 석탄의 수송도 어려웠다. 더욱이 2백만 톤의 석탄을 철도로 운송할 경우 50억 킬로와트시의 전력이 필요하지만,[27] 석탄의 부족과 댐의 붕괴 등으로 전력이 부족했다. 악순환이 되풀이되는 또 하나의 사례라고 할 수 있다. 또한 기간시설의 부족은 생산된 비료조차 농장으로 운송할 수 없는 상황을 초래하고 있다.[28]

이러한 총체적인 실패로 인해 북한 농업은 정상적인 토양이 필요로 하는 영양소의 20-30%만을 투입하고 있다.[29] 투입 비료량의 감소는 곡물수확의 감소를 가져온 가장 큰 요인이다. 토니 보이즈는 북한의 비료공장을 가동시키려면 최소한 5백만 배럴의 석유에 해당하는 에너지가 필요하다고 지적한다. 이 양은 최근 북한이 수입한 전체 석유의 1/4에 해당한다.[30] 그러나 이렇게 생산한다고 해서 충분한 것은 아니다. 지난 10여 년 동안 북한의 토양은 극도로 훼손되어 대대적인 토양 살리기 프로그램이 필요할 정도로 영양소가 고갈되어 있다.

• 디젤연료

디젤연료가 부족하면 농업생산은 영향을 받는다. 북한에는 대략 7만 대의 트랙터, 8천 대의 트랙터 크롤러, 소규모 농장에서 사용하는 6만 대의 소형모터에 사용할 디젤연료가 필요하다.[31] 디젤연료는 또한 시장으로 먹거리를 운송하거나 식품가공을 위해서도 필요하다. 이런 곳에 사용한 디젤연료의 양은 1990년 12만 톤이었다. 그 이후 매해 농업에 사용된 양은 2만 5천 톤-3만 5천 톤 정도로 감소했다.[32]

디젤공급에서 복합적인 문제는 군사용이다. 즉, 군수용은 생산의 감축과 비례해서 줄어들지 않았다. 군사용이 할당된 다음에 나머지를 가지고 사회의 다른 부문, 즉 농업이나 수송, 산업 등에 배분했다. 전체 디젤의 공급량이 60% 줄어든 상황에서 농업에 배분되는 디젤연료는 1990년 15%에서 현재는 10%로 떨어졌다.[33] 이로 인해 농업에서 사용하는 디젤은 1990년 총 디젤 공급량의 40% 중의 10%, 즉 4%의 수준에 불과하다.

그 결과는 농장 설비의 20%만 가동되는 상황이 되었다.[34] 농장의 기계를 가동시킬 연료나 여분의 부품이 없었다. 1998년에는 트랙터나 다른 농업용 기계를 세워 둔 채로 농민들이 힘겹게 손으로 작업하는 모습을 보았다는 보고도 있었다. 또한, 수확한 곡물 더미가 몇 주일 동안 들판에 방치되어 있는 모습이 보고되기도 했다.[35]

기계를 운용할 수 없게 되어 인간의 노동과 축력이 기계를 대신했다. 이러한 노동에 대한 부담은 더 많은 식량을 필요하게 만들었고, 이는 이미 불충분한 먹거리 공급을 더욱 압박했다. 그리고 비록 인구 중에서 압도적으로 많은 사람이 농업에 투입되었음에도 과거에 기계가 수행되었던 모든 일을 사람이 실행하는 것은 불가능했다.[36]

• 관개(용수)

마지막으로 관개용 및 배수용 펌프의 가동에 필요한 전력공급이 원활하지 못한 점도 농업생산에 영향을 미쳤다. 북한 전역의 관개에 필요한 전력은 매년 12억 kw 정도이며, 여기에 탈곡과

정미에 4억 6천만 kw의 추가 전력이 필요하고, 기타 농장기계에 필요한 전력까지 합하면 약 17억 kw가 매년 필요하다.[37] 여기에는 생활용 전력은 포함되어 있지 않다.

현재 관개용으로 쓸 수 있는 전력은 3억 kw로 감소되었고, 기타 농업용으로 쓸 수 있는 전력은 1억 1천만 kw로 감소되었다. 이로 인해 현재 농업에서 사용가능한 총 전력량은 13억 kw로 낮아져서 4억 kw의 전력이 부족한 상태이다.

관개와 관련된 실제의 상황은 지금까지 서술한 것보다 훨씬 심각하다. 관개에서 시간은 매우 중요한데, 특히 쌀의 경우에 그러하다. 북한의 주요 곡물인 쌀 생산에서 적시에 물을 공급하고 배출하는 시점은 매우 중요하다. 쌀은 5월에 이앙해서 8월 하순이나 9월 상순에 수확한다. 이앙에서 수확까지 논은 물을 담고 있어야 한다. 북한에서 논의 관개는 전기펌프로 관리되고, 농업에서 펌프작업은 절반 이상이 5월에 실시된다. 이 시기에 펌프작업에 필요한 전력은 90만 kw에 이르는데, 이는 북한 전체 발전용량의 1/3에 해당한다.[38] 에너지 위기는 논의 관개에 심각한 영향을 미치고 있다.

북한의 전력망이 망가진 상태에서 관개를 위한 전기수요는 전력생산에 과부하를 낳기도 한다. 이처럼 과부하에 걸린 시스템은 기상 재해와 발전설비의 노후화, 예비 부품의 부족 등으로 인해서 더 심각하게 되었다.

세 군데의 주요 펌프장이 한 해 동안 6백 회의 정전피해를 입었고, 2천 시간 동안 전력이 공급되지 않았다. 이 때문에 농사에 필요한 막대한 양의 물이 낭비되었는데, 그 양은 필요한 물의 약 1/4에 해당한다.[39]

가정용 에너지 사용

에너지 위기는 가정에서의 에너지 사용에도 큰 영향을 미치고 있는데, 특히 농촌 지역에서는 이로 인해 농업이 영향을 받고 있다. 농촌 거주지역은 전력소비가 50%나 줄어들었고, 이 때문에 삶의 질은 하락했다. 농촌마을의 가정은 겨울철 동안에선 전력을 거의 이용하지 못한다.[40] 앞에 언급된 바와 같이 병원이나 의원도 전력 부족의 영향을 받고 있다.

농촌가구는 난방과 요리를 위해 석탄을 사용한다. 농촌에서는 매년 가구당 2.6톤의 석탄이 필요하고, 농촌 전체가 필요로 하는 석탄의 양은 매년 390만 톤에 이른다. 현재 농촌 지역에서는 이 양의 절반 정도를 사용하고 있다.[41] 평균적으로 요리와 난방 등을 위해서 사용한 석탄의 양은 1.6톤으로 줄었다.[42] 학교와 병원과 같은 공공건물조차 석탄공급이 제한되고 있다.

석탄의 부족으로 난방이나 요리를 목초로 대체하는 현상이 증가하고 있다. 이로 이해 동물사료나 퇴비의 공급이 줄어서 결국 먹거리 공급의 감소로 이어지고 있다. 목초 제거는 숲에서 농경지에 이르는 모든 농촌 생태계에 부담을 준다. 목초가 제거되면 지표식물이 감소되고, 서식지가 파되되어 결국은 토양의 침식을 가져온다.

더욱이 식량공급이 부족할 때 목초를 제거한 것에 대한 대가가 더 커진다. 즉, 요구되는 칼로리와 획득 가능한 먹거리 사이에 악순환이 발생한다. 1980년대에는 민간노동력의 25%가 농업에 투입되었는데, 1990년대 중반이 되면 36%로 올라갔다.[43] 더욱이 농업노동은 과거보다 훨씬 고된 노동으로 변했다. 농업노동에 1년 동안 최소한 연인원 3억 명이 동원되었다. 그러나 이 인원도 몇가지 요인을 생각하면 많은 숫자는 아니다.[44] 노동자들은 많은 칼로리를 필요로 하기 때문에 더 많은 먹거리를 필요로 한다. 농경에 가축을 이용하는 경우에는 가축들이 먹는 사료까지 고려하면 더 복잡해진다. 따라서 먹거리의 생산이 줄어들면 필요한 열량은 실제로 늘어나며, 이로 인해 영양부족이 발생한다.

건강과 사회에 대한 영향

북한을 방문한 미국의 국회의원들은 풀과 나무껍질을 먹는 사람들 이야기를 하고, 신문에서는 피골이 상접한 군인 기사를 볼 수 있다. 북한 전역에서 아프리카와 버금가는 기아가 발생하고 있다. 만성적인 영양실조는 거의 회복불가능한 상태에 놓여

있다.[45]

한 연구에 의하면 6개월에서 7세의 어린이들 중 16%가 급성 영양실조에 걸렸다고 하는데, 이는 전 세계에서 가장 높은 비율에 해당한다. 3%의 어린이가 부종에 시달리고 있으며, 61%가 저체중에, 62%는 만성적인 영양실조 상태여서 발육장애로 이어질 가능성이 매우 높다.[46]

더욱이 영양실조는 면역체계를 약화시켜서 전염병에 많은 사람이 노출되어 있다. 물을 끓일 연료조차 부족해서 수인성 질병이 빈발하고 있다. 전기와 석탄이 없기 때문에 병원은 제 역할을 하지 못하고 희망을 앗아가고 있다.[47]

지금 북한의 상황은 자연재해에 매우 취약하다. 북한은 1995-97년의 자연재해나 미래의 자연재해를 극복할 수 있는 에너지를 보유하고 있지 못하다. 기반시설도 파괴되어 있다. 전력배송과 같은 기반시설이 제대로 작동하지 않는 상황도 큰 위협이 되고 있다. 거의 다 망가진 전력배송시설로 인해 곡물생산이 거의 불가능한 상황이다.[48]

지금까지 북한 주민은 이러한 위기에 직면해 있다. 이러한 궁핍이 지속되면서 경쟁, 지역의 분열, 사회적 몰락, 치명적인 갈등으로 이어질 수 있다. 농촌주민은 도시에 거주하는 사람들보다는 나은 생활을 하고 있으며, 농업에 필요한 노동력이 증가하면서 도시의 노동자를 흡수하고 있다. 그러나 악화되고 있는 상황과 도시에서 이동한 노동력의 확산은 극단적인 대립으로 연결될 수 있다. 농촌 지역의 불안정으로 인해서 결국 시민전쟁이 일어날 수도 있다.

불행을 위한 모델

1990년대를 통틀어서 북한의 역사는 산업국가에서 발생하는 에너지위기가 어떻게 사회를 완벽하게 붕괴로 이끌 수 있는가를 보여 주고 있다. 오직 외부의 도움만이 북한의 회복을 가능하게 한다. 특히 에너지위기가 어떻게 사회 전체의 구조에 영향을 미치고, 다양한 문제들이 서로 엉켜서 문제를 더 악화시키고 시스템을 마비시키는가에 주의해야 한다. 가장 심각한 결과는 현대 농업의 실패와 이로 인한 영양실조에서 나타난다. 기반시설의 붕괴는 단지 농업의 쇠퇴나 다른 시급한 재앙에 대응하는 것을 어렵게 만들 뿐만 아니라, 위기를 확대해서 더 심각한 사회적 분열을 야기한다.

다양하고 광범한 요인들과 관련된 수없이 많은 문제들이 서로 얽히면서 지금의 위기를 극복하는 것을 더 어렵게 만들고 있다. 북한의 경제가 건실하더라도 퇴보한 사회로부터 탈출하는 것은 용이하지 않다. 애초에는 연료부족이라는 문제였지만, 연료공급을 증가시킨다고 해서 지금의 상황이 개선될 수는 없다. 현재는 북한 주민들을 구호하는 국제적 노력이 필요하다. 그러나 지금처럼 북한과 미국 사이에 정치적 증오가 존재하는 상황에서 이러한 국제적 노력이 취해지기도 어렵다.

북한이 경험하고 있는 현재의 고통은 단지 교통방식의 대체나 대체에너지원의 발견 또는 유기농업으로의 회귀 등으로 에너지 위기가 극복될 수 없다는 것을 보여 주고 있다. 노동집약적인 농업사회로부터 화석연료에 기반을 둔 산업기술사회로 진화된 복잡한 사회체제의 붕괴를 북한이 보여 주고 있다. 단번에 농업사회가 과거로 돌아가는 불가능하고, 아직은 알 수 없는 고도기술사회로 갑자기 바뀌는 것도 불가능하다. 복잡한 사회체제는 서서히 조금씩 변화한다. 즉각적인 변화에 직면하면 복잡한 체제는 붕괴하는 경향이 있다.

현재 지구가 에너지 생산의 정점에 직면한 상황은 수십년 전부터 점진적인 변화를 모색해야 했다는 것을 의미한다. 그러한 경고가 있었던 1970년대에 화학연료에서 벗어난 사회로의 전환이 있을 수 있었다. 그러나 지금은 너무 늦었다. 수소의 미래나 영점(zero point) 에너지, 또는 융합에 대해 이야기하는 것은 시간을 낭비하는 것이다. 이러한 방법을 찾아낸다 하더라도 전환을 추진할 시간이 없다. 우리의 유일한 희망은 지속가능한 체제로 변화시키려는 밑으로부터의 노력에 있다. 이것이 우리의 노력을 집중해야 할 부분이다. 야생의 생존에 익숙한 사람들이 알고 있는 것처럼 희망을 포기하면 모든 것이 사라진다.

7

미래의 "녹색혁명"—쿠바농업의 기적

현재의 기술문명 전체를 바꿀 수 있는 시간은 남아 있지 않을지라도, 좀더 지속가능한 먹거리 체계로 이행하기 위한 시간은 아직 남아 있을 수 있다. 이를 추구하면서 우리는 지역화되고, 평등하며, 지속가능한 경제로 전환할 수 있는 충분한 시간을 우리 자신에게 부여할 수 있다. 지속가능한 먹거리 체계는 지역농업, 무경운 농법(no-till agriculture), 퇴비 생산, 자연 유기농 경작, 농민시장, 도시 공동체 텃밭, 협동조합, 공동체지원농업(CSA)을 수반한다. 만일 정부가 소농, 유기농 경작 농민, 도시 텃밭, 지역시장에 장려금을 제공하면서 이러한 변화를 촉진한다면 큰 도움이 될지는 모르지만, 그러한 이행은 풀뿌리 참여를 통해서만 성공할 수 있다. 석유 기반의 산업형 농업의 위기에 대한 해법을 논의하기 전에, 에너지 기반을 상실했지만 그 대신에 더욱 지속가능한 방식의 농업을 발전시킬 수 있었던 한 나라의 사례를 살펴보자.

구 소비에트연방의 붕괴는 쿠바를 북한과 같은 상태로 남겨놓았다. 소비에트연방이 무너지면서 쿠바는 석유 수입과 가장 큰 무역 상대국을 잃고 말았다. 미국의 제재는 쿠바를 계속해서 고립시켰다.

그러나 쿠바와 북한은 서로 다른 매우 중요한 차이가 있었다. 첫째, 쿠바는 훨씬 따뜻한 기후와 오랜 경작기간을 갖고 있었다. 쿠바는 비록 대부분의 경작지가 최고는 아니었지만 경작지 대비 인구비율이 더 양호하다.[1] 쿠바는 인구 대비 비중이 높은 상당수의 과학자, 기술자, 의사들을 갖고 있다. 라틴아메리카 인구의 2%밖에 안 되지만, 쿠바는 라틴아메리카 전체의 11%에 달하는 과학자들을 보유하고 있다.[2] 심지어 소비에트연방이 붕괴하면서 나타난 문제들이 발생하기 이전부터, 쿠바 과학자들은 석유 기반 농업의 대안을 찾기 시작했다. 생태농업에 대한 연구는 1980년대부터 시작되었다. 위기 당시 쿠바의 지역연구소, 교육센터, 응용서비스 체계는 신속하게 농민들에게 정보를 제공하는 적절한 역할을 했다.[3] 그리고 마침내 쿠바 정부는 위기를 거치면서 농민들과 국민들을 지원해서 생태농업으로 전환하는 사회 정책을 시행했다.

쿠바의 위기와 대응을 살펴보기 전에, 위기 이전의 쿠바 사회, 특히 이전 수십 년간 진행되었던 농업개혁과 농촌사회를 간략히 살펴보는 작업이 필요하다.

간략한 역사

1959년 혁명 이전의 쿠바를 설명하는 하나의 단어는 바로 불평등이었다. 전체 농민의 8%에 해당되는 농장주들이 토지의 70%를 통제했다. 대부분의 대규모 농장 및 설탕생산, 광산업, 정유, 전기설비, 통신, 은행을 통제하는 이권을 쥐고 있던 미국의 지배력이 쿠바 경제를 장악하고 있었다.[4]

농촌 노동력의 대부분은 땅이 없는 계절 노동자들로서 교육, 건강, 전기, 수돗물의 지원을 전혀 받지 못했다. 그들은 일 년 중에서 파종과 경작 기간인 단 3개월 동안만 일을 해서 생계를 꾸려야 했다.[5]

혁명기에 부유한 토지소유주 대부분은 미국으로 도피했다. 그들의 이전 재산은 몰수되어 노동자들에게 분배되었다. 쿠바 혁명에 이어서 1959년에 처음, 1963년에 두 번째, 그리고 마지막으로 1990년대의 토지개혁 등 모두 총 세 번의 농업개혁이 이루어졌다.

첫 번째 개혁은 사적 소유를 1천 에이커로 제한했다. 이러한 조치는 소농의 숫자를 3배로 늘렸으며 대규모 개인농장을 국영

농장으로 전환시켰다. 두 번째 농업개혁은 1인당 토지소유를 165에이커로 더욱 제한했다.[6] 1990년대 토지개혁은 일종의 통제된 사유화라고 부르는 게 더 적합하다. 이에 대해서는 뒷부분에서 논의할 것이다.

1965년, 국영농장은 경작 가능한 토지의 63%에 해당하는 농지를 소유하였고, 160만 명이 넘는 소농들이 나머지 20%를 소유하고 경작했다.[7] 소농들은 신용서비스협동조합(CCSs)과 농업생산협동조합(CPAs) 같은 농민조직들에 가입했는데, 두 단체가 지배하는 토지 규모가 경작 가능한 토지의 22%에 달했다. CCS와 CPA는 차례대로 전국소농생산자협회(ANAP)와 연합했는데, 전국소농생산자협회는 회원들에게 교육훈련과 수많은 서비스를 제공하면서 정부와도 가격과 대출 건 등을 협상했다. 협회 회원들은 쿠바에서 경작되는 채소의 52%, 옥수수의 67%, 담배의 85%를 생산했다.[8] 협회에 소속되지 않은 다른 2만의 소농들은 협동조합으로부터 독립된 자신들의 토지를 소유한다. 이들 비가입 소농들은 전체 경작 가능한 토지의 약 1%를 소유하고 있다.[9]

쿠바 정부가 진정으로 부를 재분배하고 더 평등한 사회를 만들고자 하는 의지가 있었기 때문에 농업개혁은 성공적이었다. 농민들과 협동조합은 낮은 신용대출, 안정된 가격, 보장된 시장, 기술적 지원, 운송, 보험 등의 지원을 받았다. 정부는 또한 법률을 제정해서 이전의 플랜테이션 대토지 소유자들이 조금씩 자신들의 토지를 사들여서 토지의 재집중화가 발생하는 것을 효과적으로 차단했다. 혁명은 외국인의 소유권을 금지하는 법을 통해 미국으로부터 쿠바의 통제권을 국민들에게 되돌려 주었다. 쿠바의 고립은 실제로는 긍정적인 이익을 가져왔다. 오히려 쿠바인들이 외세의 개입 없이 자신들에 의한 사회변혁의 중요성을 인식하게 만든 것이다. 그리고 마침내 쿠바 국민들은 높은 교육수준과 훌륭한 보건의료 서비스를 국가로부터 보장받게 되었다.

1980년대에 쿠바는 영양, 기대수명, 교육, 일인당 GNP 등에서 대부분의 남미 국가들을 앞질렀다. 국민의 96%가 읽고 쓸 줄 알게 되었으며, 95%가 안전한 식수를 먹을 수 있는 정도였다.[10] 쿠바는 고도의 수입-의존적 무역 체계를 통해 상당한 수준의 평등과 산업화를 달성했다. 운송 차량, 기계, 연료를 수입함으로써 쿠바는 고유의 산업적 기반을 구축할 수 있었는데 쿠바인들은 이를 매우 평등한 방식으로 추진했다.

혁명 이후 1980년대에 이르기까지 쿠바의 농업은 주변의 남미 국가들보다 훨씬 더 기계화되었다. 1980년대 말 국가 소유의 설탕 플랜테이션은 먹거리 경작 토지의 세 배에 이르는 규모였다. 설탕과 그 추출물은 쿠바 수출의 75%에 해당되었고 대부분 소련, 동유럽, 중국 지역으로만 판매되었다.[11]

그러나 쿠바 농업은 압도적으로 설탕, 담배, 감귤류 생산에 한정되었기 때문에 먹거리의 60%를 소련을 위시한 사회주의 국가들로부터 수입해야만 했다. 쿠바는 또한 비료의 50%, 농약의 82%, 가축 사료의 36%, 그리고 설탕을 생산하는 데 필요한 연료로 소모되는 석유의 대부분을 수입에 의존했다.[12] 이러한 수출입 체계는 쿠바가 현대화하고 자국의 국민들에게 삶의 질과 생활수준을 향상시킬 수 있게 만들었다. 그러나 소련에 대한 높은 의존도와 설탕 생산의 집중은 혹시 무역 파트너인 소련에 무슨 일이 발생했을 때 쿠바를 매우 불안정하게 할 수밖에 없었다.

위기

소련의 붕괴 후 초기 몇 년 동안 쿠바는 심각한 피해를 입었다. 순식간에 쿠바는 무역의 85%를 잃어버렸다. 비료, 살충제, 사료 수입이 80%나 감소했다.[13] 비료의 수입은 연간 130만 톤에서 2001년에 16만 톤으로 떨어졌다. 제초제와 살충제 수입도 2만 7천 톤에서 2001년 기준으로 1천9백 톤으로 줄어들었다.[14] 농업에 필요한 석유 공급량도 반 토막이 났다.[15]

쿠바 식량소비의 60%를 차지했던 식량 수입도 절반으로 줄었다.[16] 1994년 농업생산은 1990년 수준의 55%까지 떨어졌다.[17] 일인당 하루 칼로리 섭취량도 1989년 2,908칼로리에서 1995년 1,863칼로리로 줄어들어 36%가 감소했다. 단백질 섭취도 약

40% 줄었고[18], 식이성 지방 섭취도 65% 줄었다.[19] 소비에트 제국의 붕괴시점부터 1994년까지 쿠바인들은 평균 9kg의 체중감소를 겪은 것으로 추산된다.[20] 영양부족도 5% 미만에서 20% 이상으로 급증해서, 1990년대 전체 남미 국가에서 가장 큰 증가율을 보였다.[21]

위기는 이전부터 실시되었던 미국의 철저한 경제봉쇄가 더 강화되면서 더욱 복합적으로 전개되었다. 위기가 가장 심각했던 기간 동안 숨진 연간 7,500명 이상의 죽음은 직접적으로 미국의 제재에 따른 것이라고 볼 수 있다.[22]

위기가 더 큰 재앙으로 확대되는 것을 방지하기 위한 두 가지 정책이 시행되었다. 취약계층(노인, 어린이, 임산부)을 대상으로 한 먹거리 프로그램과, 비록 이전 수준보다 크게 줄어들었지만, 모든 시민들에게 최소한의 먹거리를 공급하는 배급 카드 정책이다. 정부에 의해 유지된 이러한 먹거리 안전망은 경제위기가 북한이 겪은 만큼의 심각한 상황에 이르는 것을 막아 주었다. 이러한 조치들이 쿠바가 위기에 대응하여 농업 부문을 재구조화할 수 있는 완충지대를 제공했다.

1990년대 중반의 농업개혁은 식량 위기로부터 회복하는 결정적인 요인이었으나, 이전의 농업개혁이나 남미에서 거의 유일했던 교육받고 근대화된 농민들이 없었다면 불가능한 일이었다. 쿠바의 기적은 희망과 연대로 뭉친 쿠바 국민들의 성과였다.

쿠바의 기적

쿠바 경제는 이전의 밀접했던 무역 상대국들을 잃어버림으로써 발생한 위기로부터 회복하고 있다. 1995년 이후로 매년 쿠바의 GNP는 늘어나고 있다. 고용, 생산성, 수출에서 뚜렷한 성장세가 나타났다. 과일 생산은 1989년 수준을 회복했고 열대 과일은 그때보다 더 많이 생산되었다. 국내 소비용 채소와 감자줄기는 놀랄 만한 생산 증대가 이루어졌다. 하루 먹거리 섭취는 일인당 2,473칼로리로 상승해서 1994년에 비해 33% 증가했다.[23] 이를 지켜본 전 세계의 여론은 쿠바의 노력이 성공했다고 말했다. 어려운 상황에서도, 세계은행이나 IMF의 도움 없이(오히려 이들의 정책과 대조적으로) 쿠바는 유기농이 근대국가를 뒷받침할 수 없다는 신화가 틀렸음을 입증했다. 쿠바의 1990년대 농업개혁은 지속가능한 새로운 농업 체계를 창조하고, 건강한 시장을 발전시켜서, 국영 농장을 노동자 중심의 협동조합으로 전환시키는 데 중점을 두었다.

수십 년 전부터 쿠바의 과학자들은 산업화된 농업의 부정적 효과들을 잘 알고 있었다. 토양침식과 무기물의 감소는 확실하게 눈에 띄는 문제였다. 1990년대 위기 이전부터 과학자들은 유기농업과 생태적 방식의 농법을 개발했다. 위기가 발생함에 따라 쿠바 정부는 이러한 새로운 농법을 포함시킨 새로운 농업정책을 적극적으로 추진했다. 북한과 비교해 보면, 북한은 유기농업에 거의 관심을 기울이지 않았다. 북한 정권이 군사화에 전력을 다한 것처럼 북한의 과학기술은 오직 산업화에만 전력을 쏟아부었다.

농업개혁의 과제는 고투입-석유의존 농업에서 저투입-자립 농업으로 국가농업을 개조하는 것이었다. 농민들은 우선 조상들이 산업형 농업 이전에 사용했던 사이짓기나 유기농 비료 주기 같은 농법들을 복원했다. 다음으로 농민들은 과학 발전의 결과로 만들어진 바이오살충제나 바이오비료 같은 새로운 환경 기술들을 활용했다. 바이오농약은 미생물과 천적을 이용하여 해충을 제거하는 방법으로 저항력 있는 식물 다양성, 순환경작, 사이짓기 방식들과 함께 도입되었다. 바이오비료는 지렁이, 퇴비, 천연 인산염, 동물 분뇨와 덜 썩은 퇴비 등을 사용해서 개발되었다. 트랙터를 대체하기 위해 농부들은 가축이 끄는 과거 방식의 쟁기를 사용했다.

협동생산기본조직(UBPCs)

대규모 국가 소유 농장은 이러한 새로운 패러다임에 적합하지 않았다. 농생태적 농업은 대규모 농장에서는 불가능하다. 산업형 농업에서는 한 명의 기술자가 자신이 관할하는 토지에 대한 깊은 지식이 없어도 수천 에이커를 관리할 수 있다. 기술자는 몇 번 둘러본 후에 전 지역에 기계로 뿌릴 특정 비료나 농약 사용 지시서를 써 줄 수 있는 것이다. 그러나, 농생태적 농업에서는, 농부는 모든 토양의 상태에 매우 익숙해야 하며, 비료를 추가할 곳이 어디인지 그리고 어디에 해충이 배양되거나 땅으로 유입되고 있는지를 정확히 알아야 한다. 규모가 작은 농장일수록 관리가 더 쉽고, 지속가능한 농업에 더 적합하다.

1993년 9월 쿠바 정부는 국영 농장을 일하는 사람들이 소유하고 관리하는 민간 협동조합으로 재구조화하는 새로운 프로그램을 단행했다. 새로운 협동조합은 협동생산기본조직(Basic

농생태학(Agroecology)

농생태학은 생태학 개념과 원리를 지속 가능한 농업 체계를 위한 설계, 개발, 관리에 적용하는 학문이다. 농생태학은 경제적 가능성과 균형을 이루는 가운데, 환경의 안정성과 사회적 평등을 포괄하는 전체 체계적 접근이다. 농생태학의 목표는 인간을 포함한 모든 생명체를 위한 장기적 지속가능성이다.

농생태학은 여러 가지 원리들을 따르지만, 아래의 넓은 의미의 범주들에 포함시킬 수 있다.

- 재생 가능한 자원들을 사용
- 독성 투입재와 오염 배출물을 최소화
- 자원 보존
- 생태적 관계의 유지와 재구축
- 다양화
- 민중들의 권한 강화
- 전체 체계의 지속
- 장기적 이익의 최대화
- 모든 생명체와 생태계의 안정성을 중시

더 자세한 내용은 http://www.agroecology.org/참고

Units of Cooperative Production, UBPCs)으로 불렸다. 새로운 프로그램은 쿠바 내 국영 농장의 대부분이라 할 수 있는 경작 가능한 토지의 41.2%를 총 12만 2천 명이 조합원으로 가입되어 있는 2,007개의 신생 협동조합으로 분배 이전했다.[24] 일하는 사람들을 땅과 결속시키기 위해서, 협동조합이 수확물을 소유하고 조합원들은 자신들이 일한 시간이 아니라 생산성에 기초해서 보상을 받았다. 이를 통해 협동조합 내에 커다란 동기부여가 제공되었고, 이러한 동기부여를 바탕으로 더 큰 규모의 경제, 기계화, 공동체적 정신으로 나아가는 계기가 만들어졌다.[25]

비록 쿠바 정부가 토지 소유권을 갖고 있지만, 기초협동조합생산반은 무상으로 임대할 수 있었다. 이어서 정부는 경작물과 수확량을 협동조합생산반과 계약한다. 이러한 계약에 근거해서 정부는 협동조합생산반에 필수적인 농업 투입재들을 판매한다.

새로운 시스템에 문제가 없었던 것은 아니다. 가장 눈에 띄는 것은 기초협동조합생산반과 농업부 지방관료 간의 갈등이었는데, 지방공무원들이 여전히 자신들이 협동조합을 통제하는 것처럼 행동했기 때문이다. 그러나 큰 흐름은 협동조합의 자율성이 더 커지는 쪽으로 흘러갔다.

민간 농업

개별 농부들의 소유도 지난 10년간 증가했다. 1989년 이후로, 쿠바 정부는 거의 17만 헥타르에 이르는 토지를 개별 농민들에게 넘겨 주었다.[26] 명목상으로 정부가 토지의 소유권을 갖고 있지만, 자영 농민들과 CPA는 무기한으로 그 토지를 임대해서 농사를 지을 수 있었다. 그 결과, 많은 쿠바인들이 농업을 기회로 인식하면서 상당수의 가족들이 농민이 되기 위해 도시를 떠났다. ANAP의 주장에 따르면, 새로 농민이 된 사람들의 수가 1997년에서 2000년 사이에 약 3만 5천 명이나 늘어났다.[27] 새로운 농민들은 대부분 대학을 졸업한 청년 가족, 일찍 은퇴한 가족, 또는 농사 경험이 있는 노동자들이었다.

신용서비스협동조합(CCSs: Credit and Service Cooperatives)은 소규모의 독립적인 농민들로 구성되는데 CPA, 기초협동조합 생산반, 국영농장의 성과를 능가했다. 게다가 이러한 성과는 제한된 신용대출에도 불구하고 달성된 것이었다. 결과적으로 ANAP는 1998년 신용서비스협동조합의 사업 부문을 강화하는 프로그램을 시작했다. 신용서비스협동조합은 현재 은행계좌를 개설하고, 시장 전문인을 고용하고, 집단적으로 계획을 짜는 일이 허용된다. 일단 "강화된" 조건들을 갖추면, 신용서비스협동조합은 기계에 대한 소유권을 갖게 되며, 조합원들의 상품을 공동으로 판매할 수 있다.[28]

도시농업

쿠바의 농업개혁에서 또 다른 성공적 행운은 도시농업으로, 처음에는 자발적으로 발전하기 시작해서 나중에 정책의 지원을 받게 되었다. 현재, 아바나에서 소비되는 생산물의 반은 도시농장에서 경작된 것이다. 전체적으로 도시농장은 쿠바인들이 소비하는 채소의 60%를 생산한다. 도시농부들은 전체 인구를 먹이기 위해 한 명당 하루에 215g에 상당하는 채소들을 경작한다.[29]

근린 텃밭과 지역공동체 원예 집단들은 회원들을 위한 먹거리만 생산하는 게 아니라, 학교, 병원, 노인센터에 생산물을 기증하는데, 그러고 나서도 이웃들에게 판매할 채소들이 여전히 남아 있을 정도로 충분한 채소를 생산한다. 근린 시장은 더 큰 지역 시장의 가격보다 낮은 가격으로 텃밭과 농장에서 경작한 생산물을 팔기 때문에 비싼 값을 지급하기 어려운 사람들에게도 신선한 채소를 공급하고 있다. 2000년 초, 쿠바의 도시들에서는 505개의 채소 가판대가 있었는데, 농민시장 가격보다 50-70% 낮은 가격대로 판매가 이루어졌다.

도시농업의 잠재력을 파악한 쿠바 정부는 1994년 농업부에 도시농업국을 신설했다. 도시농업국은 공터에 대한 도시농부들의 요구를 승인하고 자신들의 생산물을 판매할 수 있는 권리를 합법화했다. 도시농업국은 자신들의 권위를 도시농업 운동에 부가하려는 시도 없이 도시농업을 지원하고 촉진하는 데 전력을 다했다. 도시농업 생산물은 전적으로 유기농이이어야 함을 법으로 규정하고 도시 지역에서의 축산은 금지했다. 모든 주민들이 대도시 경계지역의 공터 토지의 3분의 1까지 도시농업 토지로 요청할 수 있다. 2000년도가 시작될 무렵에, 19만 명이 신청해서 개별 용지들을 받았다.[30] 정부는 또한 수 많은 근린 농산물 가게를 열어서 유기농 투입재와 농업 관련 서비스를 제공했다.

도시농부들은 자신과 이웃 주민들에게 먹거리를 제공하는 노동을 함으로써 스스로의 역량을 높일 수 있었다. 한 도시농부가 말한 것처럼, "우리는 온정주의적인 국가를 기다릴 필요가 없다. 우리는 우리 스스로 할 수 있다."[31]

전체적으로 도시농업으로 일컬어지는 다양하고 많은 농장들이 있다. 가장 일반적인 것이 오르가노포니코스(organóponicos)인데 생물학적 해충 방제와 유기농 비료를 활용한 유기물 모판(화단)을 키우는 농장이다. 어떤 오르카노포니코스는 소형 제트 관개시설과 그물 빛가리개도 갖추고 있다. 이 농장들은 매우 생산성이 높아서 어느 곳에서나 평방 미터당 6-30kg의 농산물을 수확했다.[32]

농업시장

1994년 10월, 쿠바 정부는 전국에 걸쳐 121개의 농업시장을 개설했다.[33] 즉각적인 결과로 나타난 것 중의 한 가지가 기본 먹거리 품목들의 암거래가 실질적으로 사라진 것이다. 투명한 시장에서의 먹거리 가격이 암거래 시장보다 더 싼 것들이 많았다. 자유시장들 또한 생산량 증대를 이끌고 고품질의 다양한 농산물의 생산을 촉진하였음을 빠르게 입증했다.

그러나, 시간이 지나면서 수요와 공급에 기반한 가격 조정은 먹거리 가격을 상승시켰다. 2000년 무렵, 먹거리 구매비용은 보통의 쿠바인 월급의 60%에 맞먹을 정도였다. 빈곤층과 노인들은 도시농장에서 생산된 먹거리를 제공하는 도시 채소 가판대에 의존했다.

연구에 따르면, 시장 가격 상승의 주범은 유통업자들이었다. 쿠바에서 석유의 부족은 심각한 운송 단축 문제를 가져왔다. 트럭을 소유한 몇 안되는 업자들이 결탁해서 농민들에게는 싸게 사서 소매상에는 비싸게 팔았다. 어떤 유통업자들은 75%나 되는 수익을 올렸다.[34]

이 문제에 대처하기 위해서, 쿠바의 농업부는 중고트럭을 민영 협동조합들에 제공해서 유통업자들을 거치지 않고 그들의 생산물을 직접 시장에 가져갈 수 있도록 도와주었다. 나머지 국영 농장들도 국가가 운영하는 농업 시장에 농산물을 저가에 판매함으로써 가격을 낮추려는 노력을 기울였다. 자유 농업 시장에서의 실험은 쿠바인들에게 가격 속임수나 담합에 대해서 정부의 일정한 통제가 있어야만 한다는 점을 알려 주었다.

결과들

비록 칼로리 섭취는 아직 1980년 수준에 이르지는 못했으나, 쿠바의 국내 먹거리 생산이 주목할 만큼 회복되었다는 데에 큰 이견은 없다. 1996-97년의 성장 기간에 쿠바는 쿠바인들이 주로 먹는 13가지 기본 먹거리 가운데 10개 품목에서 최대 생산치를 달성했다.[35] 그리고 1999년 농업생산은 전년 대비 21% 이상 증가했다.[36] 1989년 수준과 먹거리 생산을 비교하는 것이 그다지 바람직한 것은 아니지만, 여전히 인상적이다.

동물 단백질 생산은 불황이었던 1994년 수준에 여전히 머물러 있다. 그 이유는 부분적으로는 농민시장에서 쉽게 판매되는 것이 아닌 고기, 달걀, 우유에 시장 개혁을 적용할 수 없었기 때문이지만, 가장 큰 이유는 바로 냉장시설이 부족했기 때문이다. 마찬가지로 농생태적 모델은 동물 생산에는 쉽사리 적용되지 않는다. 그러나 동물 단백질 생산이 계속 낮을 수밖에 없었던 가장 중요한 이유는 산업형 축산에서 지속가능하고 생태적으로 실현 가능한 동물 사육으로 전환하는 과정은 농업에서의 전환보다 훨씬 느린 속도로 진행되어야만 했기 때문이다. 동물 사육방식의 생태적 전환을 느리게 만드는 원인들에는 분뇨처리, 질병통제, 동물복지 요인 등이 포함된다.

수출은 여전히 1989년 수준보다 현저히 낮다. 오직 감귤류 수출만 당시의 수준을 회복했다. 커피와 담배 수출은 여전히 이전 수준에 못 미쳤으며, 설탕 수출은 1989년의 극히 일부에 지나지 않는다.[37] 설탕 생산의 경우, 미국의 수출입금지 조치와 세계 시장에서의 가격 하락 때문에 생산이 계속해서 저조했다. 그렇지만 쿠바 정부는 절대적으로 필요한 해외 수입과 투자를 유치하려는 시도로 설탕 수출을 늘리는 계획을 수립하고 있다.

수출 상황과 동물 단백질 생산을 개선하는 것과는 별개로, 새로운 쿠바의 농업모델의 미래는 세 가지 중요한 도전을 맞고 있다: 미국 달러와 쿠바 페소 간 환율 가격의 왜곡을 바로잡는 것, 국가의 통제와 민간 주도권의 조화를 이루는 것, 그리고 생태적 모델의 한계를 극복하는 것이다. 생태적 모델의 도전과 관련해서, 농생태적 농업은 산업형 농업보다 더 많은 땅과 노동을 요구한다. 쿠바는 농업을 확장할 수 있는 토지 기반을 갖추고 있지만, 농촌 지역은 노동력 부족을 경험해 왔다. 쿠바 인구의 단 15%만이 농촌에서 살고 있다.[38] 농업 부문에서는 도시에서 농촌으로 이주하는 비율이 더 많아 필요한 노동력을 확보할 수 있었지만, 이러한 현상이 언제까지 이어질지 누구도 장담하기 어렵다. 그 다음으로는 농장 노동 조건, 바쁜 농장 노동자에게 필요한 높은 칼로리 섭취량, 그리고 농업 생산 간의 균형이 불확실하다는 문제가 있다.

쿠바의 새로운 농업모델은, 내적으로나 외적으로나, 여러 가지 어려움들에 처해 있지만, 현재의 성공을 후퇴시킬 정도는 아니다. 그리고 많은 연구자들은 쿠바의 실험이 인류 문명의 미래의 생존과 연관된 수 많은 해법들을 제시할 수도 있다는 사실을 감지하고 있다.

쿠바의 사례

세계은행의 보고서에 따르면 쿠바는 인간개발 성과 측면에서 거의 모든 개발도상국들보다 앞서 있다. 세계은행의 한 고위 관계자는 심지어 다른 개발도상국들이 쿠바를 좀더 주목해야 한다고 제안하기까지 했다.[39] 이는 세계은행과 국제통화기금(IMF)이 처방한 신자유주의적 개혁에 직면해서 쿠바 모델이 사라져가는 사실에도 불구하고 그렇다. 왜냐하면 쿠바의 농업 모델은 전통적인 경제 사상의 핵심을 정면으로 거스르는 것이어서, 세계은행도 쿠바를 "반(反)모델'이라 불렀기 때문이다.

실제, 쿠바가 현재 가장 빠르게 증대시키는 수출은 바로 '아이디어'다. 쿠바는 정기적으로 미국을 제외한 아메리카와 다른 지역의 수 많은 농민들과 농업 기술자들을 초대한다. 쿠바의 농업 전문가들은 현재 아이티 농민들에게 농생태적 농법을 가르쳐 주고 있다. 생태학자뿐만 아니라 농업 전문가들은 생물다양성이 보존의 전략이자 생산의 전략이라는 이념에서 미래의 커다란 희망을 찾고 있다.

석유생산의 감소가 인류에게 미치는 영향이 커질수록, 쿠바는 세계를 지속가능한 농업으로 선도하고 있는 자신들의 모습을 발견하게 될 것이다. 현재, 쿠바가 했던 방식으로 인적 자본과 기반 구조에 투자하려는 국가들은 거의 없지만, 향후 몇 년 이내에 이러한 현상은 바뀔 것이다.

쿠바 식의 농업 개혁에 대한 부정은 특히 미국에서 거셀 것이다. 농기업들은 자신들의 어떤자산과 권력도 침해 당하는 일을 용납하지 않을 것이다. 미국 정부도 소농과 유기농업에 관심이 없다. 미국 농업의 방향은 현재 더욱 발전된 기술, 더욱 커진 석유 의존성, 더 희박해진 지속가능성을 향하고 있다. 소농과 도시농업의 이윤을 내는 능력은 농기업들의 과잉생산에 의해 거의 묻혀 버렸다.

그러나, 일단 석유 생산의 감소가 산업형 농업에 위기를 촉발시키게 된 이상, 민중들이 이러한 농생태적 기술을 실행하는데 눈을 돌려서, 농생태학과 영속농업을 공부할 때가 왔다. 우리의 생존은 일단 현재의 기술이 실패한 이상, 이러한 아이디어들을 실행하는 능력에 의존할 것이다. 북한의 사례가 보여 주는 바는 대안을 사고하기 어렵다는 것이고, 쿠바의 사례는 대안이 가능하다는 것을 보여 준다.

8

지속가능한 농업의 구축

식량보장

쿠바와 북한 모두 특별한 경우이다. 이 두 나라는 매우 짧은 기간에 자신들의 에너지 기반을 상실했다. 그 결과는 즉각적인 위기로 나타났다. 세계 에너지 생산의 감소는 훨씬 늦은 속도로 발생할 것이고, 이로 인해 보다 지속가능한 먹거리 체계로 성공적으로 전환할 수 있는 기회를 제공해 줄 수 있을 것이다.

문제는 에너지 생산의 감소율과 에너지 감소에 어떻게 세계가 대응하느냐에 있다. 7% 또는 그 이상의 급속한 감소는 우리에게 전환의 기회를 주지 않을 것이다. 그러나 많은 전문가들이 예측하고 있는 매년 2%의 감소가 현실화되면 고통을 최소화하면서 안정적인 상태의 경제, 지속가능한 농업, 세계 인구의 자연스러운 감소 등이 가능할 것이다. 이렇게 되면 경제공황이나 지구적인 자원전쟁을 피할 수 있다.

이미 지속가능한 농업을 위한 전지구적 운동이 전개되고 있다. 전환을 위해 이 운동에 대한 광범한 지지가 필요하다. 우리 모두는 지속가능한 실천들을 우리의 생활과 지역 안에서 수행해야 한다. 환경의 변화에 대응한 완벽한 전환이 요구되고 있다. 즉, 단지 농장에서뿐만 아니라 우리가 살고 있는 도시나 교외, 그리고 인간과 자연의 상호작용 전체를 포괄하는 전반적인 전환이 필요하다. 우리의 일상생활을 포함해서 텃밭, 식량생산, 가축사육에 이르기까지 먹거리 생산이 통합되어야 한다. 농장은 지속가능한 농업을 실천해야 하며, 이 농장에서 생산된 농산물은 주위의 지역사회에 제공되어야 한다.

식량보장은 지역보장의 중요한 요소이다. 식량보장을 확보하기 위해서 특히 비상시에는 지역민들이 필요로 하는 먹거리의 30%를 지역에서 공급받을 수 있어야만 한다. 나머지는 이웃의 농장으로부터 올 수 있을 것이다. 최근 미국에서는 5%도 안되는 먹거리가 지역에서 생산되고 있다.[1] 식량보장을 확보하기 위해서는 도시농업 또는 영속농업과 결합한 지속가능한 농업을 실천하는 농장을 기반으로 지역화된 먹거리 분배체계를 세울 필요가 있다.

지속가능한 농업

지속가능한 농업으로 언급되는 실천들은 지역생태계에 따라 매우 다양하다. 그러나 다수의 일반적인 실천들은 거의 모든 지속가능한 농업시스템에 공통적이다. 예를 들면, 윤작, 피복작물 재배, 무경운 혹은 얕은 경운, 토양관리, 물 관리, 작물다양성, 영양관리, 통합해충방제, 순환방목 등이다. 지속가능한 영농이 항상 유기농업으로 연결되는 것은 아니지만, 유기농업은 생산 수준에서 화석연료의 투입을 줄이는 가장 현실적인 방법이다.

많은 논문과 기관들이 유기농업으로는 현재의 인구를 부양할 수 없으며, 유기농업은 현재의 산업화된 농업의 생산방법보다 생산량을 증가시킬 수 없다고 주장한다. 그러나 이러한 주장은 데이터를 잘못 해석한 것으로 보인다.

지속가능한 농업은 식량생산에서 헥타르당 평균 93%의 증가를 가져올 수 있다는 연구들도 있다.[2] 그러나 이러한 증가는 농장의 크기가 커짐에 따라서 감소한다. 특정 규모에서는 산업적 농업이 더 효율적으로 되지만, 일반적으로 유기농업은 관행농업이 필요로 하는 에너지 양의 단지 50%만 필요로 한다. 이 감축분은 화학비료와 살충제를 적게 쓰기 때문에 발생한다.[3] 그러나 투입 에너지를 단위면적이 아닌 산출량을 기준으로 계산하면 규모가 커짐에 따라 유기농업의 수확량은 체감하므로 에너지 비율이 감소된다. 마찬가지로 경작 면적이 증가할수록 파종이나 수확과 관련된 에너지 비용도 더 커지게 된다.

목적이나 의도와 관계없이 지속가능한 농업은 쟁기를 사용할 수 있는 말 또는 노새, 가족에 의해서 관리될 수 있는 면적의 소규모 영농으로 회귀하는 것을 의미한다. 전직 엔지니어인 호우(John G. Howe)는 휘발유를 사용하지 않으면서 소규모 농장에서 필요로 하는 기계적 에너지의 상당 부분을 공급할 수 있는 10마력짜리 태양열 트랙터를 개발했다.[4] 그의 책 《화석연료의 종말과 지속가능성을 위한 마지막 기회》(*The End of Fossil Energy and the Last Chance for Sustainability*)는 수많은 뛰어난 아이디어를 제공한다. 그러나 화석연료에서 얻던 막대한 양의 에너지를 태양전지의 생산을 확대하여 태양열 에너지에 의존하게 만드는 것은 여전히 불확실한 상태다.

농장체계를 자연생태계와 비교해 보면, 관행농업이 가지고 있는 기본적 문제점은 그것이 폐쇄된 시스템이 아니라는 점이다. 자연계에서 영양소(주되게는 질소, 인, 칼륨)는 시스템 내에서 순환된다. 생태계의 영양소는 식물을 통해서 동물로 전달된다. 식물과 동물의 폐기물은 다른 죽은 유기체와 함께 곰팡이와 세균에 의해서 분해된다. 그리고 이러한 순환은 끝없이 되풀이 된다. 몇몇 영양소는 고갈되어 지역생태계에서 사라지기도 하지만, 그 양은 소량에 불과하며, 대부분은 지반침식과 토양형성

과정을 통해서 보충된다.

관행 농업체계는 생태계의 외부로부터 많은 양의 영양소를 끌어들인다. 생산량을 극대화하기 위해서 많은 양의 인공적인 투입물을 남용한다. 이런 과정을 통해서 만든 생산물을 인간은 생태계 밖에서 소비하고, 결국은 매립지나 오수시스템을 통해서 처분한다. 관행농업은 우리의 자원과 농장을 고갈시키고 쓰레기 더미를 만들어 내는 거대한 시스템이다.

지속가능한 농업을 위해서, 그리고 지속가능한 사회를 위해서 농업을 우리가 살고 있는 곳과 통합함으로써 영양소가 순환할 수 있도록 해야 한다. 스웨덴의 공학자 폴크 군더는 생태계의 영양소 순환이 가능한 농업을 위해서 두 가지의 변화가 필요하다고 지적한다.

- 동물사료는 동물이 살고 있는 같은 농장에서 생산되어야 하며, 동물분뇨는 직접 혹은 퇴비화를 거쳐 동물이 자라는 땅으로 돌려져야 한다.
- 인간의 먹거리로 사용된 영양소는 모아져서 오염되지 않은 채로 농장으로 되돌려지도록 원천분리 화장실을 사용한다.[5]

두 번째 실천에 관한 자세한 정보는 조지프 젠킨즈의 《퇴비

편람》(*The Humanure Handbook*) 참고.

인은 농업에서 매우 중요한 영양소인데,[6] 군더(Gunder)에 의하면 균형 잡힌 농업을 유지하기 위해서 0.4ha의 경작지에 필요한 인의 양은 5-7명의 사람의 배설물에 포함된 인의 양과 같다고 한다.[7] 1명의 사람이 필요로 하는 영양분을 확보하기 위해서는 0.15에서 0.23ha의 균형 잡힌 농업이 필요하다. 따라서 40ha의 균형 잡힌 농장은 약 200명을 부양할 수 있다.[8]

이런 관점에서 3-4개의 주거지에 800-1,200명이 살고 있는 지역사회는 160-240ha의 균형 잡힌 농경지를 필요로 할 것이다. 지역생태계의 개선과 레크리에이션을 위해서 추가로 필요한 면적까지 합하면 170-260ha가 필요할 것이다.[9] 이러한 규모는 문화적 사회적 욕구뿐만 아니라 사회적 다양성도 충족할 수 있을 것이며, 지역이 필요로 하는 다양한 기술이나 고용을 가능하게 할 것이다.

균형 잡힌 통합된 농업을 대규모로 실행하기 위해서는 계획된 농촌화가 필요하다. 즉, 일정 비율의 도시인구가 도시의 배후지로 이전하는 것이다. 쿠바는 과거에 도시에 거주했던 사람들의 농촌 이주가 실제로 이루어졌던 경험이 있다. 지속가능한 사회로 전환하는 사회에서 도시로부터의 이주는 과거에 도시화가 산업화 과정에서 자연스러운 과정이었던 것과 마찬가지로 자연스러운 과정이다. 남아 있는 도시인구는 자신들의 폐기물을 재활용하는 시스템과 함께 자신들의 도시에서 통합된 농업을 발전시키는 데 필요할 것이다.

도시농업

전 세계적으로 도시농업을 통한 먹거리 생산이 확산되고 있는데, 1996년에 싱가포르는 사육조류의 80%, 야채의 25%를 도시농장에서 생산했다.[10] 소비에트연방의 실패로 1970년에서 90년 사이에 먹거리 생산에 참여한 모스크바 가구의 비중은 20%에서 65%로 크게 늘어났다.[11] 현재 밴쿠버 인구의 44%는 자신들의 텃밭에서 야채를 재배하고 있다. 베를린에서는 8만개의 텃밭이 철길가 등에 만들어져 있고, 텃밭 대기자들도 많이 밀려 있다.[12] 미국에서는 도시 또는 도시의 영향을 받는 카운티에서는 소비되는 유제품의 52%가 그 지역에서 생산되고 있으며, 야채는 68%, 과일은 79%에 이른다.[13]

도시 텃밭의 가능성은 무궁하다. 지역의 텃밭은 도시 내부의 유휴지를 유용하게 사용하는 방법이다. 유휴지를 임대하여 텃밭을 가꾸는 사람들은 직접적인 혜택을 본다. 평균 20년에서 30년 동안 포기했던 땅을 경작하게 되면, 쓰레기나 쥐, 범죄의 집결지가 아니라 지역의 사회화를 위한 전시장이면서 센터로 된다.

농업에 사용될 수 있는 땅으로는 공원이나 도로 중앙분리대, 학교 및 병원의 운동장 등이 있다. 병원은 환자들의 신선한 농산물을 식재료로 사용하면서 음식비도 낮출 수 있다. 마찬가지로 학교는 학생들에게는 식물의 성장과 영농에 대하여 배울 수 있는 기회를 제공하면서 점심식사에 사용할 식자재를 재배할 수 있다.

공동체 지원농업(CSA)

농장이나 텃밭의 회원(share-holder)은 예상되는 농장의 운영비와 농민의 몫에 해당하는 금액을 미리 납부한다. 이들은 재배기간 동안 농장의 생산물을 받는데, 먹거리의 생산에 직접 참여하여 땅과 다시 연결됨으로써 만족도 얻게 된다. 구성원들은 또한 영농의 위험도 함께 나누는데, 만일 일기불순이나 병충해로 인한 흉작이 발생하면 받는 몫도 줄어들게 된다. 운영자금을 미리 준 구성원들과 직거래를 다음 때문에 농민은 더 나은 가격을 받을 수 있으며, 금융적인 안정도 확보하고, 마케팅의 부담으로부터 벗어날 수 있다.

출처: "Community Supported Agriculture (CSA): An Annotated Bibliography and Resource Guide," Suzanne DeMuth.
www.nal.usda.gov/afsic/csa/csadef/htm

CSA프로그램은 중개인을 배제하여 지역의 소비자와 농민을 직접 연결하기 때문에 농민과 소비자 모두 이익을 볼 수 있다. CSA프로그램에서 농민은 매해 초에 농장에서 생산한 먹거리의 일부를 사기로 약속한 지역민들 즉 회원 혹은 조합원을 위해서 농사를 짓는다. 따라서 프로그램에 참여한 지역민은 지역의 농장을 직접 지원하고, 매주 혹은 매달 신선하고 질 좋은 농산물을 낮은 가격으로 받는다. 농민은 자신의 운영에 충당할 초기 현금투자를 받을 뿐만 아니라 직거래를 통해서 높은 가격을 받게 된다. 양측 모두 혜택과 위험을 공유한다.

출처 : "Community Supported Agriculture," James Wilkinson.
www.rurdev.usda.gov/ocd/tn/tn20.pdf

도시지역에는 텃밭을 만들기에 적합한 유휴공간이 있는데, 그것은 옥상이다. 평균적으로 옥상의 면적은 도시 전체 면적의 30%에 해당하며,[14] 지붕은 햇빛이나 비를 충분하게 활용할 수 있다. 옥상 텃밭은 도시에 거주하는 사람들이 필요로 하는 먹거리의 상당 부분을 공급할 수 있다.

나아가서 몇몇 도시의 거리를 텃밭이나 과수원으로 전환할 수도 있다. 하수구로 연결된 물줄기를 지표수로 돌려서 관개용수로 사용할 수 있다. 만일 농업이 도시생활과 완전하게 통합된다면 생명력 넘치는 푸른 환경을 만들 수 있을 것이다. 그렇게 되면 지역사회는 텃밭, 과수원, 공원, 개방된 수로로 얽혀질 것이다.

지역사회 텃밭은 지역민들의 먹거리를 제공하는 데서 그치는 것이 아니라, 푸드뱅크나 먹거리 지원 프로그램을 위한 신선한 먹거리를 제공할 수도 있다. 동시에 집 안에 있는 마당, 데크, 발코니, 옥상, 심지어 창받침이나 실내의 수족관을 사용해서 텃밭을 만들면 토마토에서부터 꿀이나 작은 가축, 물고기 등 거의 모든 것을 생산할 수 있다.

농민시장과 CSA

지역화된 농업을 통해서 실질적인 목적을 달성하려면 농민시장이 활성화되어야 한다. 농민시장은 농민들이 지역사회와 다시 연결되도록 하는 역할뿐만 아니라, 지역민들이 자신들의 먹거리의 원천과 다시 연결되도록 하는 역할을 수행한다. 과거 수세기에 걸쳐 상업농에게 이익을 집중시켜 온 현재의 먹거리체계에서 중개인을 배제한다.

농민시장은 또한 먹거리의 유통에 소요되는 에너지를 줄인다. 캐나다 토론토의 경우 관행적인 먹거리 체계를 통해서 구매되는 수입식품의 이동 거리는 농민시장에서 거래되는 지역에서 생산된 먹거리보다 81배나 멀다고 한다.[15] 만일 아이오와 주에서 소비되는 먹거리의 단 10%라도 지역에서 생산한다면 28만–35만 갤런의 연료를 줄일 수 있을 것이라고 한다.[16]

CSA는 지역화된 농업을 위한 또 다른 선택이다. CSA는 Community Supported Agriculture(공동체 지원농업)의 약자이다. CSA에서 지역사회나 소비자 그룹은 농장의 운영 지원을 약속하고, 농장은 자신의 생산물을 CSA 구성원들과 공유한다. 구성원들은 농장의 번영을 유지하고 지속시켜야 하는 법적인 그리고/혹은 정신적인 의무를 떠맡는다. CSA 멤버들은 자신들의 먹거리와 개별적으로 연결될 수 있는 기회를 갖게 되는데, 심지어 먹거리의 생산에 직접 참여할 수도 있다. 농민은 자본의 후원, 자신이 생산한 먹거리에 대한 더 나은 가격과 금융적인 보장을 얻으면서 생산물의 판매에 대한 부담으로부터는 벗어날 수 있다.

9

우리가 할 수 있는 12가지 즐거운 활동

에너지 고갈의 새로운 시대에 정부와 기업들이 할 수 있는 가장 논리적이고 윤리적인 일은 보전을 시작하기 위해 자신들의 에너지 소비를 제한하는 일이다. 불행하게도 세상 돌아가는 일은 논리나 윤리와는 별로 상관이 없다.

정부와 기업의 의사결정권자들이 공공선에 대해 진정으로 관심이 있으며, 멀리 있는 것으로 보이는 문제 때문에 현재의 경제적 생산을 기꺼이 경감하리라고 생각하는 것은 순진한 짓이다. 근대적 대의제 민주주의가 출현한 이후 지난 2백 년 사이의 수많은 역사적 사례들이 체계가 그렇게 작동하지 않는다는 점을 잘 보여 준다.

정부의 일은 기업들이 평소처럼 잘 돌아가도록 하는 것이다. 정치인들은 차기 선거 이후의 일, 특히 그 해결책이 경제에 방해가 되는 일에는 관여하고 싶어 하지 않는다. 마찬가지로 기업들은 자신들의 눈앞의 이익에만 연연할 뿐이다. 어느 모로 보나 이는 매우 근시안적인 체계이다. 지금 현재로는 현재의 상태를 유지하는 것이 자신들에게 유리하다.

소위 우리의 의사결정권자라고 하는 자들은 뒤쪽에서 누군가가 선도해 주는 것을 좋아한다. 이제까지 성취했던 사회 및 환경과 관련된 발전은 모두 풀뿌리 운동을 통해 시작되었다. 먼저 대중들에게 의식이 뿌리를 내려야 하며, 공중들의 공감과 변화의 요구가 높아져야 소위 지도자들이 생색을 내기 위해 편승하곤 한다. 심지어는 그때에도 공중들은 지도자들이 순전히 대중들을 무마하기 위해 편파적이고 비효율적인 방법들을 선택하지 않는지 경계해야 한다.

중앙정부 차원에서의 해법을 기대하기 전에 이러한 문제에 대해 알고 있는 사람들이 대중들에 다가가서 그들에게 에너지 고갈의 현실에 대해 교육해야 한다. 미디어 쪽으로 접근해야 하며, 영향력 있는 환경단체의 지원 역시 필요한데, 만약 이들 조직들이 너무 타협적으로 되어 버렸다면 지역사회에 기반한 행동을 위해 새로운 조직을 만들 필요가 있다.

불행하게도 이러한 모든 것들은 힘겨운 싸움을 의미한다. 석유 정점이 몇 년 전에 비해서 빈번하게 거론되고 있긴 하지만,

미디어와 환경단체들은 여전히 우리의 반대쪽에 서 있는 듯하다. 에너지 위기에 대해 이야기할 때면, 그들은 재빨리 재생 에너지이건 수소연료건 자신이 선호하는 해결책을 제시한다. 정부와 기업은 말할 가치도 없다.

다가오는 에너지 위기 속에서 제일 유리한 위치를 점하기 위해 엘리트들이 다툴 동안 정부가 우리들을 어둠 속에 가둬두려고 한다고 생각하는 사람들이 있다. 나는 체계-전체의 음모론에 대해서는 별로 신뢰하지 않지만, 다가올 상황에 대해 준비하며 최대한의 이익을 취하기 위해 노력하고 있는 힘있는 행위자들이 있다고 본다. 거대 오일 기업들의 손익계산서를 보라. 최근 자료 어느 곳에도 현재의 에너지 가격을 반영하는 것을 본 적이 없다. 체계는 혹사당하기 시작했지만, 기업과 정부가 보유하고 있는 석유와 천연가스 재고량은 지난 5년 평균 범위 안에 있다.

에너지 위기에 대한 부정은, 일반적인 대중을 속여 먹고 그리해서 자신들의 방식으로 체계를 탈취하려는 광범위한 음모라기보다는 우리의 현 경제체계의 풍토병과 같은 것이라고 생각한다. 그것은 정부와 기업의 의사 결정자들에게 에너지 고갈의 문제를 다룰 동기를 별로 부여하지 않으며, 아무 일 없는 것처럼 지낼 수 있는 좋은 이유가 된다.

우리 지도자들의 대부분은 사실 자본주의와 자유시장 체계에 대해 거의 종교에 가까운 믿음을 가지고 있다. 그들은 모든 문제를 극복할 수 있는 기술과 인간의 지적 능력을 맹신하고 있다. 그들의 집착과 열광은 자신들이 실제 밀접하게 관련되어 있는 기독교 근본주의자들에 버금갈 정도이다.

의사 결정자들이 우리를 이 위기에서 벗어날 수 있게 해주길 기대하는 것은 장님이 장님을 이끌어 주길 기대하는 것과 같다. 그들은 이제 잊어버려라. 그들 역시 우리를 잊었다. 당신의 이웃과 대화를 시작하고, 당신의 지역사회에서 의식을 공유해 나가라. 공동체 텃밭, 공동체 장터, 공유 자전거 시장을 조직해라. 당신의 이웃과 함께 이웃이 갇힌 쇠창살에서 벗어날 수 있도록. 지역화폐를 개발하거나 교환 체계를 만들어야 한다.

이제는 더 이상 지도자를 따를 때가 아니다. 우리를 이 위기에서 벗어나게 해줄 수 있는 것은 지역사회의 풀뿌리적 행동이다. 그리고 물론 이것이 이제까지 우리에게 도움을 주었던 유일한 것이다.

에너지 고갈이 우리 삶에 초래할 심각한 영향에 대해 인지하기 시작한 사람들에게, 문제 해결을 위해 소위 지도자라는 자들에게 의지할 수 없다는 자각은 심리적 공포와 절망을 줄 수 있다. 대다수의 대중들은 전혀 알지도 못한다. 당신이 그들에게 알려주려 하면, 대부분은 알고 싶어 하지 않으며 나머지는 지도자들이나 기술 개발을 믿는다. 대다수의 사람들이 문제를 인식조차 못하는데, 어떻게 풀뿌리 운동을 조직할 수 있을 것인가?

이런 문제는 모든 사회운동들이 직면하는 것이다. 그들은 처음에는 문제 및 변화의 필요에 대해 인식하게 된 소수의 열정적인 사람들에 의해 시작된다. 월남전 반대운동, 인권운동, 환경운동, 그리고 다른 풀뿌리운동 등이 모두 이렇게 시작되었다. 일반 대중들 사이에 흩어져 있던 소수의 사람들에 의해 시작된 것이다. 그들의 첫 걸음은 문제를 인식하는 사람과 연대하고, 조직하고, 들려 줄 만한 사람들에 메시지를 전달하는 것이었다. 한 가지 중요한 요소는 시간이 지나고 인식이 확산되면서 주의를 끌 수 있는 가시적인 목표를 제시하는 것이다.

하지만 에너지 고갈은 다른 모든 사회문제와 다르다. 그 어떤 문제도 더 이상 해법이 소용없어지는 그러한 결정적 시점은 없었다. 에너지 고갈은 아마도 그런 경우에 해당될 것이다. 염려되는 것은 더 이상 되돌아갈 수 없는 지점이 있다는 것이다. 그 지점은 경제 체계, 농업 및 식품 유통 체계, 그리고 제조업 기반 등이 너무도 망가져서 우리 문명의 총체적 붕괴를 막을 수 없는 그런 되돌릴 수 없는 지점이다. 이것이 공포와 절망의 핵심으로 에너지 고갈의 잠재적 결과에 대해 알게 된 수 많은 사람들을 충격에 빠뜨리는 것이다. 나 역시 이 점에 대해 매우 우려하고 있다. 우리는 이미 올두바이 협곡(Olduvai Gorge) 아래로 너무 많이 미끄러져 내려왔는가? 리처드 던컨은 옳은가? 우리는 우리가 살아 있는 동안 기술문명의 종말을 목격하게 될 것인가?

만약 우리가 되돌릴 수 없는 지점을 이미 지났거나 곧 지날

올두바이 이론

올두바이 이론은 공학자인 리처드 던컨(Richard Duncan)에 의해 제시된 것으로, 가장 오랜 인류의 흔적이 발견된 아프리카의 올두바이 협곡의 이름을 따서 지어졌다. 아주 단순화시켜 이야기하자면, 이 이론은 지구라는 행성은 단 하나의 기술적 문명이 진화할 수 있는 만큼의 에너지 자원을 가지고 있다고 지적한다. 이 기술적 문명의 기대수명은 약 100년이다.

이론은 세계 총 에너지 생산을 인구수로 나눈 1인당 세계 에너지 생산에 의해 규정된다. 자료는 1930년에서 2030년까지의 기간을 포괄하는 포물선을 그린다. 곡선이 상승하는 기간은 기술과 전기의 하부구조의 확산이라는 특징을 지닌다. 곡선이 하강하는 기간은 에너지 가격의 인상과 점증하는 에너지 부족 및 정전을 특징으로 한다. 이 이론은 결국 인류는현대적 기술의 편안함과 장식이 사라진 지역적이고 부족 단위의 태양 에너지 의존적인 삶의 방식으로 되돌아갈 것이라고 주장한다.

리처드 던컨에 따르면, 세계의 1인당 에너지 생산량이 1945년에서 1973년 사이에 해마다 3.45%씩 증가했다. 1973년에서 1979년 사이에는 생산 증가가 0.64%로 감소했다. 이후 1979년부터 이 글을 쓰는 현시점(2006년)까지는 1인당 에너지 생산이 그대로 유지되고 있다. 이러한 안정적 상태는 2008년까지 지속될 것이고, 이후에는 급속하게 감소할 것으로 예측된다. 1인당 에너지 생산의 감소는 인구의 감소와 밀접하게 연결될 것이다. 2030년이 되면 1인당 에너지 생산량은 1930년의 상태로 감소할 것이고 산업적 문명은 종말을 고할 것이다.

이 이론에 대해 보다 상세하게 알고 싶으면, Richard Duncan, "The Olduvai Theory: Energy, Population and Industrial Civilization," *The Social Contract*, Winter 2005-2006을 볼 것.

것이라고 믿는다면, 지금 여기서 무엇을 하고 있는가? 언덕 위에 있는 자들이 당신을 아직 환영하길 기대하며 빨리 언덕 위로 내달려야 할 것이다. 더 지속가능한 사회로의 이행에 대해 전혀 희망을 갖고 있지 않다면, 자신을 위한 작은 대피소를 만든다든지 하여 굶주린 다중에 맞서 스스로 생존할 수 있는 방법을 터득해야 할 것이다.

이 책을 읽는다는 사실은 지속가능한 문명으로의 전환에 대한 희망을 아직 당신이 가지고 있다는 것을 의미한다. 그리고 우리가 그러한 희망을 놓지 않는 한 아직 기회는 있다. 유전적 결정론과 복합체계의 붕괴에 대한 논의가 많이 있다. 이러한 것들은 흥미로운 철학적 논의이긴 하지만 결국은 그저 인류의 희망을 포기하기 위한 지적인 변명에 지나지 않는다. 생존의 경험이 있는 사람은 누구나 이렇게 이야기한다. 희망을 포기하고, 시도하는 것을 멈추면 생존의 기회를 포기하는 것이다. 희망을 포기하면, 지속가능한 이행의 문을 닫아 버리는 것이다.

하지만 희망 자체만으로는 충분치 않다. 당신은 적극적이어야 하며, 노력을 기울여야 한다. 변변치 못한 결과에 대해 실망치 말고 계속 노력해야 한다. 운동의 비밀은 그것이 기하급수적으로 성장한다는 점이다. 오랫동안 전혀 나아지는 것이 없는 것처럼 보일지도 모른다. 그리고 난 후 갑자기 넘쳐나는 지역사회의 관심에 압도당할 수도 있다.

이것이야말로 지금 우리가 계획해야 할 일이다. 우리 자신을 조직하고, 갑자기 문제를 알게 될 많은 사람들에게 치이게 될 날에 대비해야 한다. 그리고 이런 날이 너무 늦지 않게 다가올 것이라는 신념을 가져야 한다.

현재로서는 우리 자신을 조직해야 한다. 당신의 집에서 에너지 고갈이나 지속가능성에 대한 관심을 제고시키는 모임을 시작하라. 당신의 가족, 친구, 그리고 이웃들에게 이야기해야 한다. 집회에 참여하고 존재를 알리고 스티커를 붙이고, 유인물을 나눠줘라. 지속가능성과 대안 에너지 관련된 모임에 참여하고, 비록 부분적인 대안이긴 하지만 저기술 풀뿌리 해결책에 대해 비판적 관심을 가져라. 당신 지역의 농민장터를 자주 찾고, 공동체 텃밭을 시작하거나 참여해야 한다. 자급자족으로 이행할 수 있도록 준비하고 동시에 에너지 고갈이 나타났을 때 받게 될 엄청난 관심에 대비하라. 다음은 여러분이 참여함으로써, 지역의 식량보장을 강화하고 지역사회가 지속가능한 미래를 준비하는 데 도움이 될 만한 활동들에 대한 간략한 소개이다.

참여하고 절대 희망을 포기하지 말길…

•공동체 채소 텃밭

빈 땅에 당신이 작물을 심을 수 있게 해 달라고 지역사회와 이웃들을 설득하라. 적당한 옥상이 있는 아파트에 살고 있다면 관리사무실을 설득해서 옥상에 상자 텃밭으로 농사를 지을 수 있게 허락을 받아라. 이런 일들은 당신과 이웃들 사이에 강한 공동체 의식을 만들어 갈 수 있는 활동들이다. 당신이 생산한 농산물을 지역의 푸드뱅크나 공동체 식당에 값싸게 공급할 수도 있을 것이다.

• 조니 애플시드(Johnny Appleseed)처럼 씨앗을 뿌리기

미국 민속전승기에 나오는 활동가였던 조니 애플시드처럼 무조건 나무를 심어라. 늘 사과 씨앗, 배 씨앗, 복숭아 씨, 포도 씨, 버찌 씨 등을 채종해서 적당한 땅이 있으면 파종하라. 온갖 다년생 식물, 예를 들어 과일, 뿌리 작물류, 일부 채소 등에 대해 이렇게 해라. 약간의 돈과 시간을 들여 딸기 모종, 포도 묘목, 블루베리 관목 등을 사서 심도록 한다.

아메리카 인디언이나 다른 원주민들의 지혜를 좇아 야생 화초들을 경작하는 것도 좋다. 이런 일에는 영속농업 공부가 도움이 될 것이다.

• '폭탄이 아니라 음식을'(Food Not Bombs)

지난 50년 사이에 아나키즘 운동에서 나온 가장 멋진 아이디어가 바로 이것이 아닐까 싶다. 구세군 운동이나 공동체 식당 혹은 다른 자선단체의 잘못이 무엇일까? 한 가지만 언급하자면 대부분의 먹거리 자선조직들은 대개 종교 개종과 같은 반대급부를 기대한다는 점이다. 전통적인 자선과 관련하여서는 더욱 근본적인 문제가 있는데, 그것은 '자선'이라는 점이다. 부유한 사람들이 시간을 내서 낙오자들을 돕는다는 개념이다. 아무리 선의로써 이뤄져도 음식을 먹기 위해 오는 사람들은 거지 취급당한다는 느낌을 받게 되며, 자선에 은혜를 입고 타자의 자선에 의존하게 된다.

'폭탄이 아니라 음식을'은 근처의 공원과 같은 장소에서 열린 소풍을 개최한다는 유인물을 돌린다. 음식은 미리 준비되어서 놓여 있고, 사람들은 스스로 퍼서 먹도록 되어 있다. 그리곤 함께 앉아 먹게 된다.

'폭탄이 아니라 음식을' 소풍은 인근에서 나는 먹을 수 있는 식물을 선별하기와 같은 교육적인 답사와 함께 할 수 있다. 당신이 생산한 과일들을 제공하거나 지역의 공동체 텃밭에 일을 거들도록 부탁할 수도 있다.

• 농민장터와 공동체지원농업(CSA)

만약 근처에서 농민장터나 공동체지원농업(CSA)을 찾을 수 있다면 그런 활동에 참여하도록 해라. CSA는 회원들과 농민이 함께하는 조직이다. 연 단위의 회비를 받아서 회원들은 농산물 생산량의 일정 비율을 받아 먹게 된다. 회원들은 때로 수확과 같은 활동에 참여한다. 농민들은 대개 농산물의 보관 방법 등을 제공한다.

당신이 사는 곳에서 지역 농민장터나 CSA를 발견할 수 없다면, 직접 조직하는 것도 고려해 봄 직하다.

•지역교통 네트워크

기름 값이 오르면서 이 방안은 점점 더 인기를 얻게 될 것이다. 지역사회 자동차 풀을 조직해서 출퇴근뿐 아니라 쇼핑이나 다른 활동에도 활용하도록 해라. 특정한 시간에 특정한 장소로 갈 필요가 있는 사람들의 연결해 주는 지역 네트워크를 만들어서 교통편을 공유하도록 할 수 있다.

미국이 외국에서 수입된 기름에 더 많이 의존하고, 많은 미군들이 기름 전쟁에서 사망하게 되는 상황에서 미국인들이 자가용을 타고 혼자 돌아다니는 것은 비애국적인 활동이라고 할 수 있지 않을까?

•자전거 협동조합과 자전거 도로

자전거 협동조합은 회원들의 일상적 사용이나 비회원들의 임시 임대에 필요한 자전거들을 관리할 수 있다. 협동조합은 자전거를 관리하고, 수거해서 여러 임대 장소에 분배하는 활동을 할 수 있을 것이다. 자전거 협동조합은 지역사회를 설득해서 자전거 도로를 설치하고, 관리하는 데 기여할 수 있다.

• 지역상인, 특히 협동조합을 지원하기

지구화의 물결 속에 얼마나 많은 지역상인들이 살아남을 수 있을까? 지역상인들을 지원하면서 동시에 그들로 하여금 윤리적이고 책임감을 갖추도록 압박해라.

• 협동조합을 조직하기

협동조합을 통해 제공할 수 없는 서비스는 없다. 협동조합은 필요한 물품을 공급하는 일에 대한 지역사회의 통제권을 의미한다.

• 지역사회 활동을 조직하라

지역사회에서 할 수 있는 음악제, 미술제, 지역 영화 상영 등은 즐거움을 줄 뿐 아니라 사람들이 서로 관계를 맺을 수 있는 공간을 제공한다. 이런 곳에서 당신은 비슷한 생각을 가지고 앞에서 이야기한 활동들에 관심을 가질 만한 사람들을 만날 수 있다. 이런 음악회와 축제들은 지역의 예술가들이 청중을 만나고 자신들의 지역사회를 어떻게 발전시킬 것인가에 대한 비전을 갖도록 하는 데 기여할 수 있다.

다른 활동들은 지루한 일이나 함께 해야 할 일을 즐겁게 할 수 있도록 도와준다. 예를 들면 퀼트 모임, 재봉 클럽, 혹은 사람들이 낡은 살림살이를 가져와서 고치거나 활용할 수 있는 벼룩시장 같은 곳들이다.

•지역사회 재생 협동조합

이런 조직들은 주택들을 에너지 효율성이 높은 형태로 리모델링하고, 마을회관을 짓거나 개조하고, 또 노숙자들을 위한 쉼터를 만드는 데 기여할 수 있다.

•지역사회 에너지 생산 협동조합

이 조직은 지역의 공동체-소유 및 관리형 저수준의 에너지 생산을 할 수 있다. 지역의 여건에 따라 잠재적인 동력의 원천은 풍력, 태양광, 수소, 혹은 지열 등 다양하게 활용될 것이다.

•생태마을

이는 궁극적인 활동으로 완전히 자기 지속적인 공동체이다. 만약 우리가 자유롭고, 평등하며, 공정한 사회를 원한다면 우리의 모든 활동이 지향해야 할 최종 목표라고 할 수 있다. 이는 삶의 질이 살아갈 만한 수준으로, 아이들이 긍정적이고 건강한 환경에서 성장할 수 있도록 하는 행복하고 만족스러운 그런 사회이다.

결론

현대 농업은 재난의 길을 달려왔다. 우리의 토양과 수자원, 그리고 식량 작물의 부족을 인공적 수단으로 유지하는 것이 어려워짐에 따라 에너지 고갈은 이제 심각한 상태로 나아갈 것이다. 지난 세기에 수용능력 이상으로 인구를 증가시키는 것을 가능하게 했던 화석연료 기반의 농업은 결정적인 좌절을 경험하게 될 것이다.

그러나 우리 자신을 좀더 지속가능하고 평등한 문명으로 이끌 수 있는 기회는 있다. 에너지 생산 감소율이 과도하게 높지 않다면, 성공적인 이행이 가능하며 지구의 인구를 최소한의 고통만으로 기대수명과 출산율을 낮춤으로써 자연스럽게 수용능력 아래로 낮출 수 있다. 그러나 이 이행을 가능하게 하려면 우리 모두가 힘을 합쳐야 한다. 탈집중화와 지역화를 향해 사회를 다시 디자인해야 한다. 집과 지역사회의 텃밭, 지역사회의 소통과 농민장터, 영속농업 공원과 야생지역의 보호 등을 통해 우리 주위의 토지와 우리 자신을 다시 연결시켜야 한다. 그리고 우리 친구들과 이웃이 이러한 필요에 대해 깨닫도록 지역사회를 조직하도록 노력해야 한다.

정부와 기업의 지도자들에게 의지해서 우리를 대신해 변화를 이룰 수 있다면 훨씬 쉬울 것이다. 하지만 그들이 이런 문제에 진지하게 관여할 가능성은 매우 낮다. 사실 변화들은 그들과 같은 지도자들이 이익을 보고 있는 현재의 경제 및 권력 구조를 포기하는 것을 필요로 한다. 좀더 명확하게 이야기하자면, 정부나 기업들이 변화에 편승하는 데 대해 주의해야 한다. 왜냐하면 그렇게 함으로써 운동을 좌절시키고 탈선시키려고 할지 모르기 때문이다.

재지역화를 향한 풀뿌리 운동이 사회적으로 지지를 받게 되면, 정부의 견고한 저항에 직면할 수도 있다. 결국 우리는 농업개혁을 요구하는 것이다. 미국 정부는 오랫동안 다른 곳에서 이런 움직임을 억압한 긴 역사를 가지고 있다. 1800년대 말 필리핀, 1950년대 과테말라, 그리고 1980년대 엘살바도르, 그리고 민주적으로 선출된 2002년 우고 차베스 정부 전복을 위한 미국의 시도 등의 역사가 그것이다. 농업개혁 운동이 미국에서 퍼져나간다면 연방정부와 기업들이 그것을 저지하는 데 과거처럼 폭력적이지 않으리라는 보장은 없다.

엘리트들이 자신들의 이익을 위한 도구로 경제의 혼란을 활용해 풀뿌리 전환을 방해할 수도 있다. 그들이 개인 부채를 활용해 대중들을 노예상태로 묶어 놓을 수도 있다. 개인 부채를 감당하지 못한 채 경제 위기가 오게 되면 우리는 필요한 변화를 시도하지 못할 수 있다. 이런 일이 벌어지지 않도록 재지역화 운동은 부채 문제에 대해서도 다뤄야 할지 모른다. 지역 시민들이 빚에서 벗어나는 것을 돕고 지역화된 농업으로의 이행에 자금을 지원하기 위해 지역의 투자자들이 제공한 자금을 활용해서 캐서린 오스틴 핏의 솔라리(Catherine Austin Fitts' Solari)와 같은 지역조직들이 설립될 수 있다. 이러한 조직들은 지역경제에서 활용되는 지역화폐를 만들 수도 있을 것이다. 그리고 지역에서 생산되는 상품을 통해 이 지역화폐를 뒷받침할 수 있다. 이러한 체계는 소비자들을 기업의 부채로부터 해방시키고, 우리에게 도움이 되도록 투자를 지역사회에 머물도록 하며, 재지역화와 지속가능성을 향한 이행에 필요한 재정적 지원을 해 준다.

가야 할 길은 편안하고 쉬운 길은 아니지만 포기하지 않고, 함께한다면 갈 수 있다. 만약 풀뿌리 이행이 성공한다면 오늘날 우리가 살고 있는 세상보다 더 좋은 곳에서 살게 될 것이다.

솔라리 벤처 펀드(Solari Venture Fund)

솔라리 벤처 펀드는 자료은행이자 투자 자문가 역할을 한다. 자료와 관련해서 이 조직은 자원과 금융적 흐름이 지역사회에서 작동하는가를 보여준다. 지역사회 내에서의 화폐의 흐름을 표시함으로써, 자료는 지역사회 내 적절하지 않은 수준의 자원 활용도, 동기화의 부재, 지역 내 빈곤과 같은 문제를 발견한다. 이 모델을 활용해 구성원들은 지역사회의 전반적인 건강을 위해 어떻게 지역 경제를 재구성할 것인가를 결정할 수 있다.

자산투자 촉진자이자 투자자로서 솔라리 벤처 펀드는 지역 재구조화를 계획하는 데 도움을 준다. 이 조직은 지역사회에서 이탈하는 자본을 유인하는 지역화된 투자를 조직하는 한편 외부의 자본을 끌어오기 위해 노력한다. 투자의 몇 가지 예를 들면, 지역자산의 유동화, 소규모 상인/농장 결합, 소비자 조직화, 소규모 기업 초기 지원, 사무실 및 마케팅 지원, 자산-부채 스왑, 그리고 지역개발 화폐 및 교환 네트워크 등이 있다. 솔라리 모델에 대해 더 알고 싶으면 http://www.solari.com 을 방문할 것.

관련 자료 안내

지역 농업(Localized Agriculture)

American Farmland Trust (미국농지신탁) 미국농지신탁은 미국의 농지를 보호하기 위해 농민과 환경주의자, 그리고 정책입안자들을 연결해 준다.
www.farmland.org

CISA: Community Involved in Sustaining Agriculture (지속가능한 농업을 위한 지역사회) 매사추세츠의 지속가능한 농업을 지원하기 위한 비영리 단체
www.buylocalfood.com

Farmer's Market Online (온라인 농부시장) 재배자, 생산자, 수공업자가 소비자에게 직판하는 공간을 제공해 준다.
www.farmersmarketonline.com

LocalHarvest (로컬하베스트) 소규모 농민, 농민장터, 그리고 지역 먹거리 공급원에 대한 미국 전역의 목록을 가지고 있다.
www.localharvest.com

Open Air-Market Network (열린 에어마켓 네트워크) 농민장터, 거리장터, 벼룩시장, 그리고 거리 공급자에 대한 정보를 제공한다.
www.openair.org

Community Food Security Coalition (지역식량보장연합) 지역식량보장연합은 지속가능하고 지역적인 식량체계를 만드는 데 힘쓴다. 이 식량체계는 비용적으로 지출가능하고 영양을 갖추고 있으며 계절에 적합한 제철음식을 언제나 모든 사람들에게 제공될 수 있도록 한다.

www.foodsecurity.org

Earth Pledge (어스플레지) 어스플레지는 비영리 단체로서, 인간과 자연의 균형을 복원하는 기술을 찾아서 홍보한다.

www.earthpledge.org / www.farmtotable.org

EarthSave International (어스세이브 인터내셔널) 어스세이브는 건강하고 지속가능한 먹거리 선택을 위해 국제적인 운동을 하는 조직이다.

www.earthsave.org

Food and Society (먹거리와 사회) 먹거리와 사회는 켈로그 재단이 주도하는 조직으로 지역적 소유와 농촌 지역의 거주자가 원하는 삶의 질을 누릴 수 있는 경제적 성장에 관심을 가진다.

www.wkkf.org

Food First (푸드퍼스트) 먹거리와 개발 정책 관련 활동을 하는 조직으로 국제적인 기아, 가난, 그리고 생태적 저하를 분석하며 사회변화를 위한 운동방법을 발전시킨다.

www.foodfirst.org

Food Secure Canada (캐나다식량보장) 캐나다식량보장는 캐나다의 국가적, 그리고 국제적 식량보장를 위해 활동하는 사람과 조직들을 연합하는 목적을 가진다.
www.foodsecurecanada.org

Food Share (식량나눔) 식량나누기는 토론토의 비상식량 서비스를 조직하기 위해 1980년대 중반에 시작되었다. 이 조직은 자립 모델을 찾기 시작했고 구매 시스템, 공동체 요리시설, 그리고 공동체 정원을 조직하였다. 이들은 식량체계 전반에 걸쳐 있으며 특히 지속가능성, 기아 줄이기, 그리고 공동체 운영에 집중되어 있다.
www.foodshare.net

Foodroutes.org (푸드루트) 이 조직은 국가가 운영하는 비영리기관이다. 농부가 생산한 씨앗으로 농사를 지어 그 결과물인 농산물을 식탁까지 연결시키는 것을 미국에 도입하기 위한 사업을 진행 중이다. 이들은 미국 전역에 걸친 농부, 공동체지원농업, 그리고 지역 시장을 대상으로 포함한다.
www.foodroutes.org

Navdanya (나브다냐) 이 단체는 세계적인 명성을 가진 과학자이자 환경운동가인 반다나 시바 박사에 의해 설립되었다. "나브다냐(Navdanya)"는 인도의 집단적인 식량보장를 나타내는 9개의 농작물을 의미한다. 이 단체의 종다양성 보전 프로그램의 목적은 지역 농민을 지원하고, 멸종위기의 작물과 종자를 보전하고 농산물 직거래가 가능하도록 지원하는 것이다. 단체의 종자은행을 가지고 있으며 북인도에 20에이크에 달하는 유기농 농장을 운영하고 있다.
www.navdanya.org

Renewing the Countryside (전원지역 재생하기) 농촌 마을, 농부, 예술가, 기업가, 교육자, 활동가, 그리고 지속가능하고 혁신적인 비즈니스나 프로젝트를 하고 있는 사람들을 지원하여 농촌 지역을 활성화한다.

www.renewingthecountryside.org

Solari (솔라리) 캐서린 오스틴 피츠에 의해서 설립된 지역투자를 위한 모델이며 이 모델은 지역과 생활경제를 보호하고 활기를 가지도록 하는 데 필요한 투자를 촉진한다.

www.solari.com

공동체 텃밭/도시 텃밭
(Community Gardening/Urban Gardening)

American Community Gardening Association (미국 공동체 텃밭 연합) 미국과 캐나다의 도시와 농촌 마을에서 마을을 푸르게 하는 활동(거리/정원 조경)을 하고 있는 자원봉사자와 전문가들로 구성된 비영리 회원제 조직이다. 이 연합의 웹사이트는 공동체 텃밭을 발견하고 시작하기에 좋은 훌륭한 자료들을 제공한다.

www.communitygarden.org

City Farmer (도시농부) 캐나다의 도시농업을 담당하는 이 조직은 전 세계에서 관련 정보를 발굴하여 도시농업 노트를 발간한다.

www.cityfarmer.org

FarmFolk/CityFolk Society (팜포크/시티포크 소사이어티) 지역의 지속가능한 식량체계를 위해 식량공동체와 함께 활동을 하는 비영리 단체이다. 이 단체는 농지를 보호하는 프로젝트를 진행한다. 이 프로젝트는 지역의 소규모 농민을 지원하고 지역의 식량공동체와 협력하는 방식으로 진행된다.

www.ffcf.bc.ca

Growing Power(그로잉파워) 공동체 텃밭 프로젝트의 일환으로 도시 내의 청소년들로 구성된 이 단체는 푸드뱅크와 공동체 부엌을 지원한다. 지원의 범위를 특정한 분야로 한정하지 않고 필요한 것을 최대한 지원하는 방침을 가지고 있다.

www.growingpower.org

Homeless Garden Project (부랑자(홈리스) 정원 프로젝트) 이 프로젝트는 산타크루즈 컨트리, 캘리포니아에 있는 부랑자(홈리스)를 훈련시키고 공동체 지원 유기농업 사업에 고용한다.

infopoint.com/sc/orgs/garden

The Food Project (푸드프로젝트) 공동체 농업과 도시 가드닝을 하는 청소년과 성인으로 구성되어 있다. 도시와 근교에 거주하는 시민에게 건강한 먹거리를 제공하고 있다.

www.thefoodproject.org

The Greater Lansing Food Bank Gardening Project (위대한 랜싱푸드뱅크 프로젝트) 랜싱과 미시간 지역의 가드너들에게 신선한 채소를 재배할 수 있도록 지원한다.

lansingfoodbank.org/index.php/garden-project

유기 농업(Organic Agriculture)

Canadian Organic Growers (캐나다 유기농 재배자) 이 단체는 회원제로 운영되는 캐나다의 국립기관이며 농부, 가드너, 그리고 소비자들을 연결하고 교육하는 사업을 한다. 유기농 행사와 컨퍼런스를 정기적으로 개최한다. 이 단체의 발간물은 유기농에 대한 최신 정보, 그리고 농사와 가드닝에 관련된 내용으로 구성되어 있다. 또한 이 단체에서 운영하는 도서관은 유기농 관련 정보를 담은 무료 이메일 서비스를 하고 있다.

www.cog.ca

IFOAM: International Federation of Organic Agriculture Movements (**국제유기농운동연합**) 이 연합은 세계적으로 펼쳐진 유기농 운동 조직을 연결하고 있다. 108개 국가에서 활동하는 750개 이상의 회원조직을 가지고 있다. 운영 목적은 생태적, 사회적, 그리고 경제적으로 건전한 체계를 만드는 것이며 유기농업을 근간으로 한다.

www.ifoam.org

National Organic Program (**국립유기농프로그램**) 미국의 유기농업에 필요한 규제를 위해 운영되는 에이전시

www.ams.usda.gov/nop/indexNet.htm

National Sustainable Agriculture Information Service (**지속가능농업정보서비스**) 국립적정기술센터에 의해서 운영되고 있다. 농민, 목장 운영자, 교육가, 그리고 미국에서 지속가능한 농업과 관련된 주체들에게 정보와 기술을 제공한다.

attra.ncat.org

Organic Consumers Association (**유기농산물 소비자연합**) 유기농산물 소비자연합은 건강, 지속가능성과 관련된 운동을 하는 민간 비영리조직이다. 먹거리 안전, 산업적 농업, 유전자 조작, 환경지속가능성 등의 문제에 관여한다.

www.organicconsumers.org

Organic Farming Research Foundation (**유기농연구재단**) 이 재단은 유기농 실천과 관련된 연구를 지원한다. 또한 연구결과를 유기농 농부와 유기농 생산체계에 관심을 가지는 재배자에게 제공하며,

유기농 관련 사안에 대한 의사결정자와 시민들을 교육하는 사업을 하고 있다.
www.ofrf.org

Organic Research Database (**유기농 연구 데이터베이스**) 유기농, 지속가능성, 토양비옥도에 관련된 기술정보를 가진 데이터베이스이다.
www.organic-research.com

유기농 및 토종종자(Organic and Heirloom Seed)

Baker Creek Heirloom Seeds (**베이커 크릭 토종종자**) 전통적으로 전해져 내려온 채소, 화훼, 허브의 종자를 보존한다.
www.rareseeds.com

Bountiful Gardens (**풍족한 정원**) 인공수정이 아닌 자연수정을 통한 토종종자를 판매한다. 희귀종, 약용작물, 그리고 영양이 뛰어난 종자에 특화되어 있다.
www.bountifulgardens.org

Fedco Co-op Gardening Supplies (**페드코 코업 영농**) 흔히 취급되지 않는 다양한 종자를 제공한다.
www.fedcoseeds.com

Heirloom Seeds (**토종종자**) 전통 야채, 화훼, 그리고 허브 종자에 특화되어 있다.
www.heirloomseeds.com

High Mowing Seeds (**고수확 종자**) 인증받은 유기 종자를 취급한다.
www.highmowingseeds.com

Irish Eyes – Garden City Seed (아이리시아이) 유기 종자, 가드닝에 필요한 물품, 그리고 토종종자를 제공한다.
www.gardencityseeds.net

Marianna's Heirloom Seeds (마리아나의 토종종자) 대부분의 토마토와 이탈리아 토종종자를 취급한다.
www.mariseeds.com

Organica Seed Company (오가니카 종자회사) 유전자조작이 되지 않고 유기농법으로 재배하기에 적합한 다양한 종자를 제공한다.
www.organicaseed.com

Redwood City Seed Company (레드우드 도시종자회사) 토종 채소, 고추, 허브를 취급한다.
www.ecoseeds.com

Salt Spring Seeds (솔트 스프링 종자) 취급하는 모든 종자는 자연수분되었고 유전자조작이 되지 않았다. 이들이 취급하는 모든 종자를 직접 재배하며 최근에 수확된 종자만 판매한다. 집에서 재배하는 사람들을 위해 다양한 곡물과 콩을 구비하고 있다.
www.saltspringseeds.com

Seed Savers Exchange (종자보호를 위한 교류) 정원에서 기를 수 있는 토종종자를 보전하고 공유하는 비영리 단체이다.
www.seedsavers.org

Seeds of Change (종자교환) 유기 종자, 정원농사에 필요한 물품, 토종종자를 취급한다.
www.seedsofchange.com

Seeds of Diversity (종자다양성) 캐나다의 최고 종자교류 단체이다. 전통적인 종자와 종자의 보호, 그리고 종자의 다양성에 대해 아주 우수한 정보와 자원을 가지고 있다.
www.seeds.ca

Seeds Trust (종자 트러스트) 유기, 야생 그리고 토종종자를 취급한다.
www.seedstrust.com

Seeds West Garden Seed (서부 정원의 씨앗) 토종과 자연수분되었고 유기종자를 취급한다. 서부와 서나부 지방의 재배조건에 특화된 종자를 가지고 있다.
www.seedswestgardenseeds.com

Sow Organic Seed (유기종자를 심자) 유기토종종자를 제공한다. 관련된 풍부한 자료들이 웹페이지에 있다.
www.organicseed.com

Terra Edibles (테라 에디블) 유기농법으로 재배된 토종 종자를 취급한다.
www.terraedibles.ca

The Southern Exposure Seed Exchange (서부지역의 종자 교류) 토종종자와 자연수분된 종자를 다양하게 구비하고 있다. 중부 대서양 지역에서 잘 크는 종자에 많은 관심이 있다. 토종종자를 보호하고 유지하는 활동을 지원한다.
www.southernexposure.com

TomatoFest (토마토페스트) 토종 유기 토마토를 500종 넘게 보유하고 있다.
www.tomatofest.com

Two Wings Farm (투윙즈 농장) 이 농장은 토종 채소를 재배한다. 재배를 위한 종자는 재판매하는 곳에서는 구매하지 않으며 이들이 사용하는 모든 종자는 유기 인증을 받은 것이다.

www.twowingsfarm.com

Urban Harvest (도시추수) 이 단체는 생태 다양성을 증진하고 지구의 건강을 증진하는 종자와 정원농사에 필요한 것들을 제공한다. 모든 종자는 그레이터 토론토 지역과 인근에서 재배되었으며 지역경제를 지원한다.

www.uharvest.ca

영속농업/퍼머컬처(Permaculture)

영속농업은 자연 생태체계의 복원성, 안정성, 다양성을 가진 생태체계를 의식적으로 디자인하고 관리하는 것을 말한다. 토지환경과 사람, 그리고 적정한 기술, 상품공급, 보금자리, 에너지 등 지속가능성에 필요한 다양한 것들을 조화롭게 통합한 것이다. 영속농업은 물, 토양, 동식물, 기후관련 사항들을 균형있게 조합하여 자연적인 흐름에서 벗어나지 않도록 토지를 사용하는 방법에 대한 방법이자 철학이다.

—Bill Mollison and Scott Pittman (빌 몰리슨과 스캇 피트먼)

라 티에라 마을 캘리포니아

www.permaculture.net

Earth Activist Training (지구활동가 교육) 이 단체는 퍼머컬처(영속농업) 인증과정을 운영한다. 이 과정은 관련된 사상, 실천적인 정책효과, 그리고 자연과 인간의 조화에 대한 내용을 바탕으로 하고 있다.

www.earthactivisttraining.org

Permaculture Activist (퍼머컬처 활동가) 퍼머컬처(영속농업)에 관련된 내용을 정기적으로 발간하는 웹사이트이다.

www.permacultureactivist.net

Permaculture the Earth (지구를 퍼머컬처하기) 이 웹사이트는 퍼머컬처(영속농업) 디자인에 관련된 내용을 다룬다. 많은 인터넷 사이트와 온라인 포럼들의 링크를 가지고 있다.

www.permaearth.org

Permaculture Institute (퍼머컬처 연구소) 다양한 프로젝트에서 활동하고 있다. 지속가능한 인류 문화를 위해 연구하는 비영리 단체이다.

www.ibiblio.org/spittman

Permaculture International (퍼머컬처 인터내셔널) 우리 사회가 지속가능하고 윤리적인 협동사회로 전환하는 것을 지원한다. 또한 퍼머컬처(영속농업) 관련 활동을 하는 단체 구성원들에게 필요한 서비스를 제공한다.

www.permacultureinternational.org

Permaculture Visions (퍼머컬처 비전) 이 단체는 빠듯하게 제한된 예산과 시간을 가진 고립된 학생과 노동자들이 필요로 하는 것을 제공한다.

www.permaculturevisions.com

Tagari Publications (타가리 출판) 퍼머컬처(영속농업) 연구소를 위한 출판사이다.

www.tagari.com

The Central Rocky Mountain Permaculture Institute (중앙 로키산 퍼머컬처 연구소) 퍼머컬처(영속농업)를 위한 훈련과 상담을 하는 연구소이다. 퍼머컬처(영속농업) 활동가 연대의 한 부분으로, 최신 유기농 방법들을 제공한다.

www.crmpi.org

The Occidental Arts and Ecology Center (서구생태센터) 북캘리포니아의 소노마 카운티에 있는 유기농 농장으로, 교육활동을 하고 있는 비영리 단체이다. 산업화와 개인화가 진행된 현대 사회에 생태적, 경제적 그리고 문화적으로 지속가능한 민주 공동체를 이루는 것을 목표로 활동하고 있다.

www.oaec.org

The Permaculture Research Institute of Australia (호주 퍼머컬처 연구소) 제프 로톤이 지휘하는 퍼머컬처연구소는 환경운동가들의 실천적 훈련과 국제적 연대를 바탕으로 운영되고 있다. 지역적, 국제적 생태문제에 대한 해결책을 제시하며 현재 진행 중인 혁신적 농장 디자인을 가지고 있다. 그리고 관련된 디자인과 컨설팅, 그리고 지원 프로젝트를 하고 있다.

www.permaculture.org.au

The Regenerative Design Institute (재생디자인연구소) 이 연구소는 북캘리포니아 퍼머컬처연구소에서 출발하였으며, 인류와 지구는 독립적이지 않고 상호연결되어 있다는 내용을 중심으로 운영되고 있다.

www.regenerativedesign.com/

생태마을(Ecovillages)

Findhorn Ecovillage (핀드혼 생태마을) 북동스코틀랜드의 카라반 공원에서 1962년 시작된 핀드혼 공동체는 지속가능하고 영적인 생활로 세계적인 명성을 가지고 있다. 자연과 함께 생활하는 방식은 공동체의 핵심이며, 핀드혼 반도의 모래 둔턱의 다양한 조건에서 관리된 아름다운 정원은 60년대 후반부터 유명해졌다.
www.ecovillagefindhorn.com

The Farm (더팜) 1960년대 후반과 70년대 초반의 히피공동체 중에 하나이다. 이 곳은 미국에서 가장 성공적인 생태마을 중 하나로 인정받고 있다.
www.thefarm.org

The Gaia Trust (가이아 트러스트) 덴마크 기반의 자선단체 연합으로, 지속가능하고 보다 영적인 미래사회로의 전환을 지원하고 있다.
www.gaia.org

The Global Ecovillage Network (글로벌 생태마을 네트워크) 살고 있는 지역에서 생태마을을 찾거나 생태마을에 대해서 배우고 싶은 사람에게 훌륭한 정보를 제공한다. 이 국제연맹은 인간이 취하는 것보다는 환경에게 좀더 많은 가치를 두는, 지속가능한 삶과 토지를 복원하는 데 관심이 많은 사람과 공동체로 구성되어 있다.
www.ecovillage.org

The Intentional Communities Website (국제공동체 웹사이트) '국제공동체'는 생태마을, 주택공유, 거주자 토지 트러스트, 학생협동조합, 도시주택조합 등을 포괄하는 용어이다. 이 웹사이트는 현재 존재하거나 형성되고 있는 공동체와 관련된 정보를 찾는 사람에게 아주 중요한 자원을 제공한다.

www.ic.org

지속가능한 농업(Sustainable Agriculture)

Alternative Farming Systems Information Center (**대안농업체계정보센터**) 대안농업과 관련된 사업과 작물에 관련된 정보를 수집관리하는 데 특화된 일을 한다.
www.nal.usda.gov/afsic

Biodynamic Farming and Gardening Association (**생물역학 농업과 가드닝 연합**) 1938년에 만들어진 이 비영리단체는 농업의 생물역학적 방법을 알리고 보호하는 일을 한다.
www.biodynamics.com

Ecological Agriculture Projects (**생태농업 프로젝트**) 지속가능한 농업을 위한 캐나다의 대표적인 기관이다.
eap.mcgill.ca/

Farmland Information Center (**농지정보센터**) 이 곳은 농지 보호와 관리에 대한 정보를 교환하는 곳이다.
www.farmlandinfo.org

National Campaign for Sustainable Agriculture (**지속가능한 농업을 위한 캠페인**) 인간적이고 사회적 정의,경제적 적합성, 환경적 균형을 갖춘 지속가능한 먹거리와 농업 체계를 위해서 국가적인 정책을 수립하는 것을 목표로 활동하는 다양한 조직들의 네트워크이다.
www.sustainableagriculture.net

Robyn Van En Center for CSA Resources (공동체지원농업 자원을 위한 로빈반언 센터) 공동체지원농업에 대한 자료를 제공하는 국립자원센터이다. 웹페이지의 링크에는 국제, 국내, 지역에서 활동하는 공동체지원농업 조직들이 잘 정리되어 있다.
www.csacenter.org

책

유기농 텃밭(Organic Gardening)

All New Square Foot Gardening, Mel Bartholomew, Cool Springs Press, 2006.

Botany for Gardeners, Brian Capon, Timber Press, 1990.

Bugs, Slugs and Other Thugs: Controlling Garden Pests Organically, Rhonda Massingham Hart, Storey Publishing, 1991.

Gardening When It Counts: Growing Food in Hard Times, Steve Solomon, New Society Publishers, 2006.

Growing 101 Herbs that Heal: Gardening Techniques, Recipes, and Remedies, Tammi Hartung, Storey Publishing, 2000.

Growing and Using Herbs Successfully, Betty E. M. Jacobs, Storey Publishing, 1981.

Growing Herbs: For the Maritime Northwest Gardener, Mary Preus, Sasquatch Books, 1994.

Herb Gardening: Why and How to Grow Herbs, Claire Loewenfeld, Faber & Faber, 1964.

How to Grow More Vegetables: And Fruits, Nuts, Berries, Grains, and Other Crops Than You Ever Thought Possible on Less Land Than You Can Imagine, John Jeavons, Ten Speed, 1974.

Let It Rot! The Gardener's Guide to Composting, Stu Campbell, Storey Publishing, 1975.

MacMillan Book of Natural Herb Gardening, Marie-Luise Kreuter, Collier

Books, 1985.

Rodale's Chemical-Free Yard and Garden: The Ultimate Authority on Successful Organic Gardening, Miranda Smith, Linda A. Gilkeson, Joseph Smillie, Bil Wolf, Anna Carr (Editor), Rodale Press, 1991.

Save Your Own Seed, Lawrence D. Hills, Abundant Life Seed Foundation, 1989.

Saving Seeds: The Gardener's Guide to Growing and Saving Vegetable and Flower Seeds, Marc Rogers, Storey Publishing, 1990.

Secrets of Plant Propagation: Starting Your Own Flowers, Vegetables, Fruits, Berries, Shrubs, Trees, and Houseplants, Lewis Hill, Storey Publishing, 1985.

The Backyard Homestead: MiniFarm and Garden Log Book, John Jeavons, J. Mogador Griffin, and Robin Leler, Ten Speed, 1983.

The Encyclopedia of Organic Gardening, the Organic Gardening Magazine Staff, Rodale Press, 1959.

The Gardener's Bug Book: Earth-Safe Insect Control, Barbara Pleasant, Storey Publishing, 1994.

The Gardener's Guide to Plant Diseases, Barbara Pleasant, Storey Publishing, 1995.

The Gardener's Weed Book: Earth-Safe Controls, Barbara Pleasant, Storey Publishing, 1996.

The Mulch Book, Stu Campbell, Storey Publishing, 1991.

The One-Straw Revolution: Introduction to Natural Farming, Masanobu Fukuoka, Rodale Press, 1978.

The Ruth Stout No-Work Garden Book, Ruth Stout and Richard Clemence, Bantam Books, 1973.

Tipsfor the Lazy Gardener, Linda Tilgner, Storey Publishing, 1985.

Winter Gardening in the Maritime Northwest: Cool Season crops for the Year-Round Gardener, Binda Colebrook, Sasquatch Books, 1999.

영속농업(Permaculture)

Gaia's Garden: A Guide to Home-Scale Permaculture, Toby Hemenway, Chelsea Green, 2001.

Introduction to Permaculture, Bill Mollison and Rena Mia Slay, Tagari Publications, 1997.

Permaculture: A Designers' Manual, Bill Mollison and Rena Mia Slay, Tagari Publications, 1997.

Permaculture: Principles and Pathways Beyond Sustainability, David Holmgren, Holmgren Design Services, 2002.

Permaculture in a Nutshell, Patrick Whitefield, Permanent Publications, 1993.

The Permaculture Home Garden: How to Grow Great-tasting Fruit and Vegetables the Organic Way, Linda Woodrow, Penguin Books, 1996.

친환경 마을(Ecovillages)

Creating a Life Together: Practical Tools to Grow Ecovillages and Intentional Communities, Diana Leafe Christian, New Society Publishers, 2003.

Ecocities: Rebuilding Cities in Balance with Nature (revised edition), Richard Register, New Society Publishers, 2006.

Ecovillages: A Practical Guide to Sustainable Communities, New Society Publishers, 2005.

Ecovillage Living: Restoring the Earth and Her People, Hildur Jackson and Karen Svensson (editors), Green Books, 2002.

Relocalize Now! Getting Ready for Climate Change and the End of Cheap Oil - a Post Carbon Guide, Julian Darley, David Room and Celina Rich, New Society Publishers (in press).

Toward Sustainable Communities: Resources for Citizens and Their Governments, Mark Roseland, New Society Publishers, 2005.

한국의 먹거리 관련 단체 안내

가톨릭농민회 농민의 권익을 옹호하고 사회정의의 실현을 통한 농촌사회의 복음화와 인류공동체 발전에 기여함을 목적으로 설립되었다. 농촌사회의 민주화, 공동체 삶의 실천을 목표로 활동하고 있다.

www.ccfm.or.kr

녀름 전국농민회총연맹 산하의 농업농민정책 연구소이다.

www.nongyeon.org

녹색전환연구소 생태문명사회를 만들어가기 위해 필요한 장기적인 비전을 제시하고자 만들어진 연구소이다.

www.igt.or.kr

두레생협연합 지역 공동체를 회복하고 조합원과 생산자와의 협동으로 안전한 생활재를 공급하려는 목적으로 설립되었다.

dure-coop.or.kr

로컬푸드운동본부 지역에서 생산된 농산물을 지역에서 소비하게 하는 새로운 방식의 농산물 소비운동을 펼치기 위해 설립됐다. 신선하고 건강한 농산물 생산과 소비자·생산자 간 신뢰도 증진, 농산물 유통과정에서 발생하는 유해 환경요인 감소를 목표로 내세운다.

www.lfk.or.kr

모심과살림연구소 한살림 운동을 심화, 확장하고자 연구 및 교육활동을 펼치는 연구소이다.

www.mosim.or.kr

슬로푸드문화원 깨끗하고, 맛있고, 정직한 음식을 향유하기 위한 교육사업, 연구사업, 문화사업 등을 통해 푸드시티즌을 확대하고자 하는 단체이다.
slowfoodkorea.tistory.com

아이쿱생협 소비자 조합원과 생산자가 함께 운영하는 사업체를 기반으로 윤리적 소비와 생산을 실천하는 협동조합이다. 사업액 기준으로 한국 소비자생활협동조합 중 가장 큰 규모이다.
www.icoop.or.kr

언니네텃밭 여성농민 공동체로서 친환경 유기농산물 직거래가 주 활동이다. 여성농민들이 마을단위 공동체 안에서 유기농 텃밭 농사를 지어 관계 맺은 도시의 소비자회원에게 꾸러미를 보낸다.
www.sistersgarden.org

우리밀살리기운동본부 우리밀 되살리기, 고향살리기 운동, 생태계 균형과 환경보전 운동을 추진할 목적으로 설립되었다. 우리밀에 대한 교육, 홍보 및 보급활동을 하고 있다.
www.woorimil.or.kr

전국귀농운동본부 귀농을 생태적 삶과 그 문명을 일구는 실천적 대안으로 내세우며 귀농을 확대시키고자 다양한 교육, 홍보활동을 펼친다.
www.refarm.org

전국농민회총연맹 식량자급형 농업과 환경 보전을 통한 농민의 권익 보호와 민족 자주적 경제건설을 목적으로 결성되었고, 전국 100여 개 시군농민회로 이루어진 농민단체들의 연맹체이다.
www.ijunnong.net

전국여성농민회총연합 여성농민들이 만든 전국적 단체로서 여성농민의 정치, 경제, 사회적 지위 향상과 권리 보장을 위한 활동을 펼친다.

www.kwpa.org

정농회 유기농업을 실천함으로써 국민건강 증진과 건전한 생활풍토 조성에 기여하는 것을 목적으로 1976년에 창립된 한국 최초의 유기농업 농민단체다.

cafe.daum.net/jeongnong

지역재단 지역이 주체적인 힘으로 미래를 개척해 나갈 수 있는 발전전략을 제시하고, 이를 주도 할 지역리더를 육성하고 지원하는 활동을 한다.

www.krdf.or.kr

텃밭보급소 토종 종자 사용, 전통농업 복원, 공동체 농사를 목표로 텃밭의 확대를 위해 활동한다. 전국귀농운동본부에서 시작되었다가 독립한 단체이다.

www.dosinong.or.kr

팔당생명살림 팔당지역 유기농업 농민과 시민이 모여 만든 협동조합이다. 영농조합과 소비자생활협동조합의 구성원들이 팔당지역에서 생명존중, 환경친화적인 농업육성 및 생활운동을 전개하여 더불어 사는 생명공동체를 이루려는 목적으로 활동한다.

www.psss.or.kr

한국유기농업협회 유기농업 연구개발, 국민보건과 환경보전 및 농가소득 증대 목적으로 설립되었다. 친환경 농산물 인증, 교육, 컨설팅 사업을 진행하다.

www.organic.or.kr

한살림 농업과 자연생태계를 살리는 생명의 세계관을 바탕으로 도농 직거래 운동과 지역 살림 운동을 펼치는 비영리 생활협동조합이다. 밥상살림, 농업살림, 생명살림을 활동의 기치로 내걸며 대안적인 사회를 지향한다.
www.hansalim.or.kr

행복중심생협연합회 친환경 유기농산물 등 생활재 공동구입사업 및 생태유아 등 여성 삶의 행복을 중심에 두고 활동하는 협동조합이다. (구 여성민우회생협)
www.happycoop.or.kr

환경농업단체연합회 전국의 유기농업 관련 생산자, 소비자 단체들을 대표하는 단체이다. 국내 친환경유기농업단체 상호간 교류와 협력 도모, 친환경 농산물의 생산 및 소비 기반 확대, 지속가능한 유기농업 발전, 국민 건강증진, 환경 보전을 목적으로 활동한다.
www.kfsao.org

흙살림연구소 환경보전형 농업기술을 연구·개발하여 농업 발전에 기여할 목적으로 설립되었다. 현재 충북 괴산군에서 교육, 출판 관련 일과 함께 토종 농장을 운영하고 있다.
www.heuk.or.kr

책

《세계 농업과 먹거리의 정치경제학》, 2016, 알렉산드로 보나노 외, 윤병선 외 역, 따비
《농업과 먹거리의 정치경제학》, 2015, 윤병선, 울력
《먹거리, 지구화 그리고 지속가능성》, 2015, 피터 오스터비르, 데이비드 A. 소넨펠드, 김철규 외 역, 따비

《한국의 먹거리와 농업》, 2015, 김흥주 외, 따비
《흙속의 보물 지렁이—무경운 유기농의 만능일꾼, 지렁이에 대한 모든 것》, 2015, 최훈근, 들녘
《가이아의 정원—텃밭에서 뒷산까지, 퍼머컬처 생태디자인》, 2014, 토비 헤멘웨이, 이해성·이은주 역, 들녘
《퍼머컬처—지속가능성을 넘어서는 원리와 경로》, 2014, 데이비드 홈그렌, 이현숙·신보연 역, 보림출판사
《농, 살림을 디자인하다—퍼머컬처로 이루는 농업살림 농장살림 농촌살림》, 2013, 임경수, 들녘
《먹거리와 농업의 사회학》, 2013, 마이클 캐롤란, 김철규 외 역, 따비
《유기농을 누가 망치는가—소비자를 위한 유기농 가이드북》, 2013, 백승우·유병덕·안병덕·안철환·유정길, 시금치
《벌레가 살고 있는 유기농정원 만들기—유기농정원 핸드북》, 2011, 히키치 가든 서비스, 김현정 역, 동학사
《식품주식회사—질병과 비만 빈곤 뒤에 숨은 식품산업의 비밀》, 2010, 에릭 슐로서·로버트 케너·게리 허시버그·피터 프링글·마이클 폴란, 박은영·허남혁 역, 따비
《먹거리 위기와 로컬 푸드—세계 식량 체계에서 지역 식량 체계로》, 2009, 김종덕, 이후
《생태마을(CRYSTAL WATERS)》, 2009, 천득염·나하영, 기문당
《농업생명공학의 정치경제》, 2007, 잭 클로펜버그 2세, 허남혁 역, 나남
《래디컬 에콜로지—잿빛 지구에 푸른 빛을 찾아 주는 방법》, 2007, 캐롤린 머천트, 허남혁 역, 이후
《자연과 타협하기》, 2007, 리오 패니치·콜린 레이스, 허남혁 역, 필맥
《로컬푸드—먹거리-농업-환경, 공존의 미학》, 2006, 브라이언 핼웨일, 김종덕·허남혁·구준모 역, 이후
《유기재배, 이것만은 알아야 한다—유기재배의 기초지식》, 2006, 니시오 미츠노리, 서종호 역, 흙살림연구소
《래디컬 에콜로지》, 2001, 캐롤린 머천트, 허남혁 역, 이후

주

1장

1 P. Buringh, "Availability of Agricultural Land for Crop and Livestock Production," *Food and Natural Resources*, D. Pimentel and C. W. Hall (eds), Academic Press, 1989.

2 P.M. Vitousel et al. "Human Appropriation of the Products of Photosynthesis," *Bioscience* 36, 1986.

3 David pimentel and Marcia pimentel, *Land, Energy and Water: the Constraints Governing Ideal US Population Size*, NPG Forum Series, 1995. www.npg.org/forum_series/land_energy&water.htm

4 Henry H. Kindle and David Pimentel, "Constraints on the Expansion of Global Food Supply," *Ambio* Vol. 23 No.3, May 1994.

5 Mario Giampietro and David Pimentel, "The Tightening Conflict: Population, Energy Use, and the Ecology of Agriculture," NPG Forum Series, 1995.

6 Kindle and Pimentel, "Constraints on the Expansion of Global Food Supply," *Ambio* Vol. 23 No. 3, May 1994.

7 David Pimentel and Mario Giampietro, *Food, Land, Population and the U.S. Economy*, Carrying Capacity Network Publications, November, 1994.

8 Randy Schnepf, *energy Use in Agriculture: Background and Issue*, CRS Report for Congress, oder code RL32677, November,

2004. (차트의 자료는 다음에서 인용. John Miranowski, *energy Consumption in U.S. Agriculture*. www.farmfoundation.org/projects/03-35EnergyConferencepresentations.htm.)

9 N.B. McLaughlin et al., "Comparison of Energy Inputs for Inorganic Fertilizer and Maure-Based Corn Production," *Canadian Agricultural Engineering*,Vol. 42, No. 1, 2000.

10 John Hendrickson, *energy Use in the U.S. Food System: A Summary of Existing Research and Analysis*, Center for Intergrated Agricultural Systems, 2004. www.cias.wisc.edu/archives_of_existing_research_and_analysis/index.php; Martin C. Heller and Gregory A Kaoleian, *Life Cycle-Based Sustainability Indicators for Assessment of the US Food system*, The Center for Sustainable Systems, Report No. CSSoo-04, 12/6/2000. www.umich.edu/~css

11 Pimentel and Giampietro, *Food, Land, Population and the U.S. Economy*.

12 FAO, IFAD and WFP, *Reducing Poverty and Hunger: The Critical Role of Financing for food, Agriculture and Rural Development*, prepared for the International Conference on Financing and Development, Monterey, Mexico, March 18-22, 2002. www.fao.org/docrep/fao/003/y6265E/Y6265E.pdf

13 Food and Agriculture Organization, *FAO World Summit Progress Report, Sept. 2004*, 2004. www.fao,org/docrep/meeting/008/J2925e/J2925eoo.htm

14 Mark Nord, Margaret Andrews and Steven Carlson, Househild Food Security in the United States, 2004, Economic Research Service, USDA, Report No. ERR11, October 2005. www.ers.usda.gov/Publications/err11/

15 Frances Moore Lappé, Joseph Collins, Peter Posset, *World Hunger: Twelve Myths*, Grove Press, 1998.

2장

1 Gretchen C. Daily, "restoring Value to the World's Degraded Lands," Science, 269, pp. 350-354, 1995. Reprinted in L. Owen and T Unwin, eds., *Environmental Management: Readings and Case Studies*, Blackwell, 1997. 1945년부터 토양황폐화(soil degradation)는 2천억 헥타르 이상의, 또는 지구의 생육면적의 17%에 영향을 미쳐왔다. 황폐화된 땅 중 38%는 가벼운 정도였으며, 46%는 중간 정도였다. 15%는 심하게 황폐화(많은 노력을 통해서만 회복가능한 정도)되었으며 0.5%는 극도로 황폐화되었다(회복불능). 여기에 더해서, 4천500억 헥타르의 방목장이 황폐화되고 사막화되었다. 파괴된 방목장의 27%는 가벼운 정도이고 28%는 중간 정도였다. 44%는 심하게 황폐화되었으며 1.6%는 극도로 황폐화되었다. 토지황폐화(land degradation)에 대한 연구에는 4억 2천7백만 헥타르 이상의 지역에 피해를 입히는 열대우림의 황폐화 역시 추가되어야 한다. 토양소실과 사막화, 열대우림의 황폐화에 의한 전체토지의 황폐화는 5천억 헥타르, 또는 지구의 생육면적의 43%에 이른다.

2 R.A. Hougton, "The Worldwide Extent of Land Use Change," *Bioscience* 44(5):pp.305-313.

3 Ibid.

4 N. Myers, *The Nontimber Value of Tropical Forest*, Forestry for Sustainable Development Program, University of Minesota, November, 1990.

5 Pimentel and Giampietro, *Food, Land, Popualation and the U.S. Economy*.

6 David Pimentel et al., "Will Limits of the Earth's Resources Control Human Numbers?," *Environment Development and Sustainability*, Issue1, 1999.

7 Pimentel and Giampietro, *Food, Land, Population and the U.S. Economy*.

8 Ibid.

9 Ibid.

10 D. Wen, "Soil Erosion and Conservation in China," in *Soil Erosion and Conservation*, ed. David Pimentel, Cambridge University Press, 1993, pp.63-86.

11 J.R. Parrington et al., "Asian Dust: Seasonal Transport to the Hawaiian Islands," *Science* 246: 1983, p.195-197.

12 N. Rome Alexandrotos, *World Agriculture: Toward 2010*, Food and Agriculture Organization of the United Nations and John Wiley & Sons, 1995.

13 H.E. Dregne, "Erosion and Soil Productivity in Africa," *Journal of Soil and Water Conservation*, 45, 1990, pp. 431-436.

14 M. Simmons, "Winds toss Africa's soil, feeding lands far away," *New York Times*, October 29, 1992. pp. A1, A16.

15 H.E. Dregne, ed., *Degradation and Restoration of Arid Lands*, Texas Technical University, 1992.

16 R. Lal, "Soil Erosion Impact on Agronomic Productivity and Environment Quality," *Critical Reviews in Plant Sciences*, 17, 1988, pp, 319-464.

17 Pimentel and Giampietro, *Food, Land, Population and the U.S. Economy.*

18 Ibid.

19 Ibid.

20 Pimentel and Pimentel, *Land, Energy and Water.*

21 Pimentel and Giampietro, *Food, Land, Population and the U.S. Economy.*

22 Ibid.

3장

1 Sandra L. Postel, Gretchen C. Daily and Paul R. Ehrlich, "Human

Appropriation of Renewable Fresh Water," *Science*, 271:785; Feb.9,1996.

2 Sandra L. Postel, *Water for Agriculture: Facing the Limits*, Worldwatch Paper93, Worldwatch Institute, 1989.

Sandra L. Postel, "Wataer for Food Production: Will There Be Enough in 2025?," *Bioscience*, Vol. 48, No.8, 1998, pp.629-637.

한 연구에 따르면, 1995년 한 해 약 13,800입방킬로미터의 물이 식량생산에 소모되었다. 이것은 매년 지표면의 증발산량(蒸發散量)에서 총량에서 거의 20%를 차지한다. 연평균으로는 일인당 2,420 입방미터에 가깝다. (증발산량은 물의 증발과 식물에 의해 흡수되는 수분 그리고 식물에서 대기 중으로 되돌려지는(蒸散作用) 수분을 결합하여 측정한 것이다. 거대한 규모에서 증산작용(蒸散作用, transpiration)을 증발작용(蒸發作用, evaporation)으로부터 분리해서는 생각하기 어렵기 때문에 둘은 결합되어 측정된다.)

3 Sandra L. Postel, *Water for Agriculture: Facing the Limits*, Worldwatch Paper93, Worldwatch Institute, 1989.

4 Ibid.

5 Sandra L. Postel, *Dividing the Waters: Food Security, Ecosystem Health, and the New Politics of Scarcity,* Worldwatch Paper 132, Worldwatch Institute, 1996.

6 Postel, *Water for Agriculture.*

7 Pimentel and Giampietro, *Food, Land, Population and the U.S. Economy.*

8 Ibid.

9 Postel, *Water for Agriculture.*

10 H. Frederiksen, J. Berkoff and W Barber, *Water Resources Management in Asia*, World Bank, 1993.

11 Pimentel and Giampietro, *Food, Land, Population and the U.S. Economy.*

12 Ibid.

13 Ibid.

14 Ibid.

15 Postel, *Water for Agriculture*.

16 Pimentel and Giampietro, *Food, Land, Population and the U.S. Economy*.

17 Ibid.

18 Ibid.

19 Ibid.

20 Ibid.

21 Postel, *Water for Agriculture*.

22 Sandra Postel, *Liquid Assets: The Critical Need to Safeguard Freshwater Ecosystems*, Worldwatch Paper No. 170, Worldwatch Institute, 2005.

4장

1 Pimentel and Giampietro, *Food, Land, Population and the U.S. Economy*.

2 Pimentel and Pimentel, *Land, Energy and Water*.

3 Pimentel and Giampietro, *Food, Land, Population and the U.S. Economy*.

4 Ibid.

5 Giampietro and Pimentel, "The Tightening Conflict."

6 Ibid.

7 Ibid.

8 Ibid.

9 Ibid.

10 C. A. S. Hall, C. J. Cleveland and R, Kaufmann, *Energy and Resource Quality*, Wiley Interscience.

11 Martin C. Heller and Gregory A Kaoleian, *Life Cycle-Based Sustainability Indicators for Assessment of the US Food system*, The

Center for Sustainable Systems, Report No. CSSoo-04, 12/6/2000. www.umich.edu/~css

12 Ibid.

13 Susan J. Brown and J. Claire Batty, "Energy Allocation in the Food System: A Microscale View," *Transactions of the American Society of Agricultural Engineers*, 19(4), 1976, pp. 758-761.

14 미국에서 일상적인 식단이 일인당 2,500킬로칼로리라고 추산할 때, 10 : 1의 에너지 비율은 매일 일인당 35,000킬로칼로리의 체외(exo-somatic) 에너지를 필요로 한다는 것을 나타낸다. 하지만 미국에서 체내(endosomatic) 노동 1시간의 평균적인 보상이 100,0000킬로칼로리의 체외에너지라는 것을 감안하면, 현재 우리의 체계에서 일상식단을 공급하기 위해 필요한 체외에너지량은 단지 20분의 노동에 의해 달성된다.

15 Pimentel and Giampietro, *Food, Land, Population and the U.S. Economy.*

16 Shanthy A. Bowman and Bryan T.Vinyard, "Fast Food Consumption of U.S. Adults: Impact on Energy and Nutrient Intakes and Overweight Status," *Jounal of American College of Nutrition*, Vol. 23, No. 2, 2004, pp. 163-168. www.Jacn.org/cgi/content/abstract/23/2/163

17 Pimentel and Giampietro, *Food, Land, Population and the U.S. Economy.*

18 Ibid.

19 John Wargo, Our Children's Toxic Legacy, Yale University Press, 1998; Ted Schettler et at., *Generations at Rist*, Massachusetts Institute of Technology, 1999.

20 Lennart Hardell and Miilael Eriksson, "A Case-Control Study of Non-Hodgkin Lymphoma and Exposure to Pesticides," *Cancer*, March 15, Vol. 85/No. 6, 1999.

21 Kristin S. Schafer er al., *Chemical Trespass; Pesticides in Our Bodies and*

Corporate Accountability, Pesticide Action Network North America, 2004.

22 Pimentel and Pimentel, *Land, Energy and Water.*

23 Giampietro and Pimentel, "The Tightening Conflict."

24 Pimentel and Pimentel, *Land, Energy and Water.*

25 Giampietro and Pimentel, "The Tightening Conflict."

26 Vitousek, "Human Appropriation,"; Giampietro and Pimentel, "The Tightening Conflict."

27 Rich Pirog, Timothy Van Pelt, Kamyar Enshayan and Ellen Cook, *Food, Fuel and Freeways*, Leopold Center for Sustainable agruculture, 2001.

28 Federal Highway Administration. U.S. Dept. of Transportation, *Highway Statistics 1997.*

29 David Pimentel and Marcia Pimentel, *Food, Energy and Society*, John Wiley and Sons, 1979.

30 Agricultural Marketing Service, U.S. Dept. of Agriculture, 1996.

31 Rich Pirog and Andrew Benjaminm, *Checking the food Odometer: Comparing Food Miles for Local versus Conventional Produce Sales to Iowa Institutions*, Leopold Center for Sustainable Agriculture, 2003.

32 USDA Economics Research Service, *Import Share of Food Disappearance of Selected Foods, Selected Years*, 2003. www.ers.usda.gov/data/foodconsumption/datasystem.asp

33 Tim Lang, *Food Safety and Public Health: Will the Crisis Ever End?*, Cardiff Law School Piblic Lecture Series: 4, Thames Valley University, 2001.

34 Economic Research Service, USDA, 2000, *Foreign Agricultural Trade of the United States.*

35 Stephen Bentley and Ranenna Barker, *Fighting Global Warming at the Farmer's Market*, Foodshare Research Action Report, 2nd edition, Foodshare, 2005.

36 Ibid.

37 Giampietro and Pimentel, "The Tightening Conflict."

38 Andy Jones, *Eating Oil: Food Supply in a Changing Climate*, Sustain/ Elm Farm Research Center, 2001.

39 Fölke Gunther, "Phosphorus Flux and Societal Structure," *A Holistic Appriach to Water Quality Management: Finding Life-Styles and Measures for Minimizing Harmful Fluxes from Land to water*, Stockholm Water Symposium August, 1992, Stockholm, sweden, Pub. No. 2, Stockholm Water Co., PP. 267-298.

40 Giampietro and Pimentel, "The Tightening Conflict."

41 Harry Clowes, *Fruit and Vegetable Production in Iowa*, MS thesis, Iowa state College, 1927.

42 Richard Piorog and John Tyndall, *Comparing Apples to Apples: An Iowa Perspective on Apples and Local Food System*, Leopold Center for Sustainable Agriculture, 1999.

43 Giampietro and Pimentel, "The Tightening Conflict."

44 Ibid.

45 Ibid.

46 Ed Ayers, *The History of a Cup of Coffee*, Worldwatch, 1994.

5장

1 Jean Laherrère, *Is USGS2000 Assessment Reliable?* www.oilcrisis.com/laherrere/usgs2000/

2 "These adjustment to the USGS and MMS estimates are based on non-technical considerations that support domestic supply growth to the levels necessary to meet projected demand levels" Office of Integrated Analysis and Forecasting, Energe Information Administration, US Department of Energy, *Annual Energy Outlook 1998 with Projections to 2020*, 1997, p. 221.

3 Colin Campbell, "Country Assessment — Russia," *ASPO Newsletter NO. 31*, 2003. www.peakoil.ie/

4 *The Moscow News*, "Russia's Oil Exports Reach Maximum, Decline to Start in Two Years," September, 9, 2004.

5 Richard C. Duncan and Walter Youngquist, "The World Petroleum Life-Cycle," Presented at the PTTC Workshop, *OPEC Oil Pricing and Independent Oil Producers*, Petroleum Technology Transfer Council Petroleum Engineering Program, University of South California, Los Angeles, California, October 22, 1998. www.dieoff.com/paper133.htm

6 Andrew Kelly, "US Natgas suppliers seen facing tough challenge," *Reuters*, April 26, 2000. www.dieoff.con/natgas.htm

7 Charles Esser, *Mexico Country Analysis Brief*, Energy Information Administration, 2004. www.eia.doe.gov/emeu/cabs/mexico.html

8 Dale Allen Pfeiffer, *The End of the Oil Age*, Lulu Press, 2004.

9 Ibid.

10 Ibid.

11 Ibid.

12 Ibid.

6장

1 Pimentel and Giampietro, *Food, Land, Population and the U.S. Economy*.

2 Kindell and Pimentel, *Constraints on Expansion*.

3 Pimentel and Giampietro, *Food, Land, Population and the U.S. Economy*.

4 U.S. Census Bureau, *Poverty 2002*, www.mosnews.com/money/2004/11/09/oilproductions.htm

5 Pimentel and Pimentel, *Land, Energy and Water*.

6 Ibid.

7 Frances Moore Lappé, *Diet for a Small Planet*, Ballantine Books, 1991. www.dietforasmallplanet.com/

8 Giampietro and Pimentel, The Tightening Conflict.

9 Ibid.

10 Paul J. Werbos, *Energy and Population*, NPG Forum, 1993. www,npg.org/forum_series/werbos.html; David Pimentel et al., "Impact of Population Growth on Food Supplies and Environment," Population and Environment, 19(1): 1997. pp. 9-14

11 U.S. Census Bureau, *U.S. and World Population Clocks*. www.census.gov/main/www/popclock.html

12 Babara Tuchman, *A Distant Mirror*, Ballantine Books, 1978.

13 Giampietro and Pimentel, The Tightening Conflict.

14 Walter Youngquist, "The Post-Petroleum Paradigm — and Population," *Population and EnvironmentA A Journal of Interdisciplinary Studies*, Volume 20, Number 4, 1999. www.mnforsustaion.org/youngquist_w_post_petroleum_and_population.htm

15 James H. William, David Von Hippel and Peter Hayes, *Fuel and Famine: Rural Energy Crisis in the Democratic Peoples's Repiblic of Korea*, Institute on Global Conflict and Cooperation, Policy Paper 46, 2000. www.repositories.cdlib.org/cgi/viewcontent.cgi/article=1028&contect=igcc

16 D.F. Von Hippel and Peter Hayes, *Demand and Supply of Electricity and Other Fuels on the Democratic People's of Korea*, Nautilus Institute, 1997.

17 Giampietro and Pimentel, The Tightening Conflict.

18 Ibid.

19 Tony Boys, Causes and Lessens of the "North Korean Food Crisis", Ibraka Christian University Junior College. 2000.

20 Giampietro and Pimentel, The Tightening Conflict.

21 Ibid.

22 Ibid.

23 Jean Laherrère, *Modeling future oil production, population and the economy,* ASPO Second international workshop on oil and gas, Paris, May, 2003.

24 United Nations Development Programe and the UN Food and Agriculture Organization, *DPR Korea: Agricultural Recovery and Environmental Protection (AREP) Program, Identification of Investment Opportunities,*Vol.2:Working Paters 1-3. 1998.

25 Ibid.

26 Youngquist, *The Post-Petroleum Paradigm.*

27 Giampietro and Pimentel,The Tightening Conflict.

28 Ibid.

29 Ibid.

30 Ibid. " … 암모니아 합성의 에너지 비용은 현대적인 시설에서조차 평균 40Gh/tM을 상회한다. 그중 60퍼센트는 feedstock이며 40퍼센트는 process energy로 쓰인다. 북한의 비료공장이 50Gh/tM보다 적은 비용으로 암모니아를 생산할 수는 없을 것이다. 더욱이, 암모니아는 특별한 보관법과 사용법을 요구한다. 따라서 대부분의 암모니아는 선적과 사용의 용이성을 위해 액체나 고체비료(예를 들어 요소尿素)의 형태로 변환된다. 암모니아를 요소로 변환하는 것은 25Gh/tM의 추가적인 에너지 비용을 필요로 한다. 석유 1배럴이 대략 6Gj의 에너지를 나타내며, 요소에서 질소 1톤을 생산하기 위해서는 75Gj(혹은 그 이상)의 에너지를 필요로 한다. 따라서 북한이 소유한 (세 개의) 비료공장을 일 년 동안 전면 가동하기 위해서는: (75 ÷ 6 = 12.5) × 400,000 = 5,000,000 … 혹은 최소한 500만 배럴의 석유, 최근 북한의 연간 석유 수입량의 약 사분의 일에 달하는 양[이 필요하다.]"

31 Ibid.

32 Youngquist, *The Post-Petroleum Paradigm.*

33 Giampietro and Pimentel, The Tightening Conflict.

34 Ibid.

35 FAO, Global Information and Early Warning System on Food and Agriculture, World Food Programme, *Special Report: FAO/WFP Crop and Food Supply Assessment Mission to the Democratic People's Republic of Korea*, November 12, 1998. www.fao.org/waicent/faoinfo/economic/giews/emglish/alertes/1998/srdrk981.htm

36 Ibid.

37 Youngquist, *The Post-Petroleum Paradigm.*

38 Giampietro and Pimentel, The Tightening Conflict.

39 Ibid.

40 Ibid.

41 Ibid.

42 Ibid.

43 Ibid.

44 Ibid.

45 Ibid.

46 Ibid.

47 Ibid.

48 Ibid.

7장

1 M. Sinclair and M. Thompson, *Cuba, Going Against the Grain: Agricultural Crisis and Transformation*, Oxfam American Report, June 2001. www.oxgamamerica.org/pdfs/cuba/reformingag.pdf

2 P.M. Rosset, "Cuba: A Successful Case Study of Sustainable Agriculture," in *Hungry for Profit: The Agribusiness Threat to Famers, Food, and the Environment*, ed. F. Magdoff et al., Monthly Press Review, 2000. www.foodfirst.org/cuba/success.html

3 Giampietro and Pimentel, The Tightening Conflict.

4 Sinclair and Thompson, *Cuba, Going Against the Grain.*

5 C. D. Deer et al., "Household Incomes in Cuban Agriculture: A Comparison of the State, Co-operative and Peasant Sectors," in *Development and Change, Vol. 26,* Blackwell, 1995.

6 Giampietro and Pimentel, The Tightening Conflict.

7 Ibid.

8 Ibid.

9 Ibid.

10 United Nations Development Programme (UNDP), The United Nations Environment Programme (UNEP), World Bank, and World Resources Institute, *World Resources 2000-2001 — Poeple and Ecosystem: The Fraying Web of Life*, UNDP, September 2000.

11 Ibid.

12 Ibid.

13 Giampietro and Pimentel, The Tightening Conflict.

14 UNDP et al., *World Resources.*

15 Giampietro and Pimentel, The Tightening Conflict.

16 Ibid.

17 UNDP et al., *World Resources.*

18 Ibid.

19 Giampietro and Pimentel, The Tightening Conflict.

20 UNDP et al., *World Resources.*

21 Giampietro and Pimentel, The Tightening Conflict.

22 Sinclair and Thompson, *Cuba, Going Against the Grain.*

23 Giampietro and Pimentel, The Tightening Conflict.

24 Ibid.

25 Ibid.

26 Ibid.

27 Ibid.

28 Ibid.

29 Ibid.

30 Ibid.

31 Ibid.

32 Ibid.

33 Ibid.

34 Ibid.

35 Ibid.

36 Sinclair and Thompson, *Cuba, Going Against the Grain*.

37 Ibid.

38 Ibid.

39 Interpress Service, "Learn from Cuba," *Says the World Bank*, May 1, 2001.

8장

1 Katherine H. Brown and Ann Carter et al., *Urban Agriculture and Community Food Security in the United States: Farming from the City Center to the Urban Fringe*, Urban Agriculture Community of the Community Food Security Coalition, 2003. www.foodsecurity.org/PrimerCFSCUAC.pdf

2 J. Pretty, J. I. L. Morrison and R. E. Hine, "Reducing Food Poverty by Increasing Sustainability in Developing Countries," *Agriculture, Ecosystem and Environment*, 95, No. 1: 2003, PP. 216-234.

3 ADAS Consulting Ltd., *Energy Use in Organic Farming Systems*, Ministry of Agriculture, Fisheries and Food, Project OF0182, DEFRA, London, 2001.

4 John G. Howe, *The End of Fossil Energy and the Last Chance for Sustainability*, 2nd ed., McIntire Publishing Services, 2005. www.mcintirepublishing.com

5 Fölke Gunther, Vulnerability in Agriculture: Energy Use, Structure and Energy Future, presented at the INES Conference, THK, Stockholm, June 15, 2000. www.etnjum.etn.lu.se/~fg/written/stuff/ines/INES.pdf

6 Ibid. 인(燐)은 콩류의 식물에 의해 대기 중에서 직접 얻어지지 않고 질소의 형태로 얻어진다. 또한 칼륨이 칼륨장석을 부수거나 진흙 속의 여러 가지 미네랄을 통해서 얻어질 수 있는 것과 다르게 토양에서 구하기 어렵다. 오늘날 인은 인산염 광석의 채굴을 통해 공급된다. 현재의 에너지 가격에 비추어보자면 사용가능한 인의 원천은 130년 후에 경제적으로 고갈될 것이다. 인산염 광석의 추출에는 에너지가 든다. 에너지의 고갈은 인을 채굴할 수 있는 기간을 심각하게 단축시킬 것이다. 그런데도 막대한 양의 인이 세제로 낭비되고 있으며 하수처리공정에서 회수되지 않고 있다.

7 Ibid.

8 Ibid.

9 Ibid.

10 J. Smith, A. Ratta and J Nasr, *Urban Agriculture: Food, Jobs, and Sustainable Cities*, United Nations Development Programme, 1996.

11 United Nations Division for Sustainable Development, *United Nations Sustainable Development Success Stories, Vol. 4.*

12 Michael Ableman, "Agriculture's Next Frontier: How Urban Farms Could Feed the World," *UTne Reader*, November-December 2000.

13 R. Heimlich and C. Bernard, Agricultural Adaptation to Urbanization: Farm Types in the United State Metropolitan Area, Economic Research Service, USDA, 1993.

14 Interpress Service, *"Learn from Cuba," Says the World Bank*, May1, 2001

15 Lang, *Food Safety and Public Health.*

16 Giampietro and Pimental, The Tightening Conflict.

역자 후기

《석유식량의 종언》에 부쳐

이 책(원제: *Eating Fossil Fuels: Oil, Food and the Coming Crisis in Agriculture*)이 처음 출간된 것은 2006년이다. 요즘처럼 모든 것이 빠르게 변화하는 시대에 10년 전에 간행된 책을 국내 독자들에게 소개하는 것이 어떤 의미를 지닐까에 대해 생각하게 된다. 책에서 인용된 통계나 자료 중에는 이미 낡아 버린 것이 적지 않으며, 저자의 예측이 빗나간 것처럼 보이는 부분도 있기 때문이다. 그럼에도 불구하고, 이 책을 번역하겠다고 결심하고 뒤늦게라도 출간을 추진한 것은 이 책이 주는 메시지가 시간이 지날수록 더 무겁게 느껴지기 때문이다. 화석연료에 의존하고 있는 현대 농식품체계의 지속불가능성을 이보다 더 명료하게 보여 주는 저작은 흔치 않다.

책의 문제의식을 이해하기 위해 원제목에 대해 잠깐 검토하자. 이 저서의 영어판 제목은 *Eating Fossil Fuels*, 즉 '화석연료 먹기'이다. 현대인은 밥과 빵, 고기, 우유, 채소, 과일 등 온갖 맛있는 음식을 풍성하게 먹고 있는데 이게 무슨 생뚱맞은 소리인가. 갑자기 석탄이나 석유와 같은 화석연료를 먹다니? 하지만 차분히 생각해 보면, 화석연료를 먹는다는 표현은 결코 과장이 아니다. 적어도 20세기에 들어와 현대인의 먹거리는 어마어마한 양의 화석연료를 사용하여 생산되고, 유통되어 식탁에 오른다. 분명하지만 잘 보이지 않는 이러한 사실을, 저자는 다양한 자료와 분석을 통해 명료하게 보여 준다. 오늘날의 농업은 더 이상 전통적인 자연에 의존하는 순환적 농업이 아니다. 20세기에 들어와 과학기술 및 산업자본과 결합하면서, 산업적 농업으로 변화한 것이다. 산업적 농업은 트랙터, 경운기, 콤바인과 같은 농기계를 사용하고, 온실 난방을 하며, 엄청난 양의 화학비료와 농약을 뿌린다. 이 모든 것이 석유에서 나오는 것이다. 더 나아가 수확된 농산물을 가공하고, 장거리 운송하고, 냉장하며, 조리하는 과정에서 계속 화석연료를 사용한다. 그런 의미에서 저자 파이퍼의 '화석연료 먹기'라는 표현이 결코 과장이 아니다. 이처럼 화석연료에 의존하는 현대의 먹거리 생산, 유통, 소비 과정 전체를 농식품체계(agri-food system)로 개념화할 수 있다. 현대 농식품체계는 20세기에 급속하게 진행된 과학기술의 발전, 정부와 연구 기관들의 개입, 그리고 대중소비사회의 등장에 따라 완성되었다고 할 수 있다.

농식품체계에 대한 이해를 돕기 위해 이를 세 단계로 나누어 설명하면 다음과 같다. 첫째, 먹거리의 출발은 농장에서 시작되며 그곳에서의 활동은 이제 산업형 농업이 되었다. 현대 농업은 전문화와 단작을 특징으로 하는데, 예컨대 곡물 생산, 채소 생산, 육류 생산 등으로 분업화된 것이다. 농업의 분화는 농민들이 여러 작물과 가축을 키우던 예전과는 달리 한두 가지 농업 생산활동에 전념하게 된다는 것을 의미한다. 미국 중서부의 곡물 생산 농민은 대규모 농지에 콩과 옥수수만 재배한다. 그리고 이러한 활동을 통해 수익을 극대화하기 위해 석유에 기반한 다양한 생산재를 투입하게 되었다. 대표적인 것이 트랙터와 경운기 같은 농기계, 그리고 화학비료, 농약 등이다. 육류 생산에서도 전문화가 일어났다. 고기 생산을 위한 공장형 축산이 발달하게 되었는데, 이를 위해서는 값싸게 대량으로 생산된 옥수수나 콩과 같은 곡물사료가 필요하다. 물론 곡물사료는 화석연료의 집중적인 투입의 결과물이다. 또 채소를 대량으로 사철 생산하기 위해서 대규모 비닐하우스를 사용하게 되었다. 하우스의 온도를 유지하기 위해서는 난방을 해야 하며, 이는 대량의 석유에너지를 필요로 한다. 이처럼 농업 구조 전체가 변화하면서, 농산물의 대량생산 체계가 완성된 것이다. 그리고 이러한 활동의 기반이 되는 것은 모두 석유 에너지이다. 두 번째 단계는 생산된 농산물을 최대한 가공하여 표준화된 식품을 만드는 과정이다. 곡물, 고기, 채소 등을 직접 유통시키는 것이 아니라, 포장·가공하여 부가가치를 높이고, 상대적으로 보존성이 향상된 상품으로 전환시키는 과정이다. 이는 산업자본에 의한 농업생산물의 상품화라고 할 수 있다. 결과적으로 식품산업이 빠르게 발달하게 되었다. 예를 들면, 밀가루, 설탕, 코코아 등을 활용해서 과자를 생산함으로써 새로운 소비를 창출하고, 기업 이윤을 극대화할 수 있게 된 것이다. 현대인들의 식품 소비의 주요 경향 중에 하나는 점점 더 가공식품 의존성이 커졌다는 점이다. 이제는 표준화되고, 장기간 보관이 가능하며, 장거리 이동이 가능한 상품으로서의 식품이 세계 시장에서 팔리게 된 것이다. 이러한 식품 제조와 운송 역시 엄청난 양의 화석연료를 사용한다.

셋째, 대량유통 소비체계의 완성이다. 슈퍼마켓의 발전이 그 대표적인 예이다. 소비자들은 전국 각지, 세계 여러 지역에서 대량으로 생산되어, 운반된 곡물, 육류, 과일, 채소, 그리고 각종 가공식품들을 사시사철 맘껏 먹는다. 이때 먹거리가 생산지에서부터 식탁에 오르기까지의 거리를 푸드 마일(food mile)이라고 하는데, 20세기 중반 이후 푸드 마일은 빠르게 증가하고 있다. 특히 한국의 경우 1980년대 농산물 개방 이후 신자유주의 정책 속에서 푸드 마일이 급증했다. 푸드 마일의 증가는 당연히 먹거리 운송에 필요한 석유 에너지의 증가를 의미한다. 또한 보편적으로 활용되고 있는 냉장 운송체계, 슈퍼마켓의 냉장 보관, 그리고 가정용 냉장고의 보급은 모두 직간접적으로 석유와 석탄에 의존하고 있다. 이처럼 현대인들의 먹거리 생산, 유통, 소비의 전 과정은 대규모 에너지, 특히 석유 에너지에 의존하고 있는 것이다.

우리들은 대부분 먹거리 생산에는 관여하지 않으며, 주로 마트에 가서 식품을 구입하는 소비자이다. 슈퍼마켓에 가서 냉장 진열된 여러 가지 먹거리를 카트에 채워, 자동차에 싣고 온다. 집에 와서는 음식들을 냉장고에 보관하여 1주일 동안 식사를 한다. 어떤 음식이든 슈퍼마켓에 오기까지 혹은 우리 식탁에 오르기까지 복잡한 과정을 거치지만 우리는 개별화된 소비자로서 아무 생각 없이 돈을 주고, 사먹을 뿐이다. 우리의 뱃속을 채우고, 우리의 건강을 좌우하는 먹거리가 어떻게 생산되어 식탁에 오르는지 잘 알지 못하며, 때론 별로 관심도 없다. 밀가루가 엄청난 양의 화석연료를 사용했다든지, 코코아 생산을 위해 아이들이 열악한 환경에서 노동을 했다든지, 1등급 쇠고기를 만들기 위해 어마어마한 곡물이 사료로 활용됐다든지, 혹은 라면용 팜유 생산을 위해 동남아의 환경이 파괴되고 있다는 사실에 대해 잘 모른다.

먹거리는 사회와 자연의 관계를 볼 수 있는 매우 흥미로운 창문이다. 파이퍼(Dale Allen Pfeiffer)의 《석유식량의 종언》은 먹거리를 통해 세상을 바라볼 수 있게 해준다. 또 에너지를 매개로 우리 농식품체계가 가지고 있는 지속불가능성을 선명하게 드러낸다. 파이퍼의 농식품체계에 대한 해부와 비판의 키워드는 제목이 명백히 보여 주듯, 석유 혹은 화석연료이다. 농식품 문제를 에너지의 관점에서 깊이 있게 분석한 농업사회학자들이나 환경사회학자들은 거의 없다. 그런 의미에서 파이퍼의 저작은 학자들에게나 일반 독자들에게 많은 깨달음을 줄 수 있다.

파이퍼는 모든 에너지의 출발점은 태양 에너지이며, 식물이 광합성을 통해 태양 에너지를 탄수화물로 만듦으로써 먹이 체계가 만들어진다고 지적한다. 식물, 박테리아, 균류, 동물 간에 복잡한 먹이사슬이 구성되고, 진화해 왔다. 오랜 진화와 문명의 발전 속에 인간은 결국 먹이사슬의 끝에 서게 되었다. 인간은 진정한 의미의 잡식동물이 된 것이다. 채소, 과일, 곡물, 고기, 우유, 생선 등 지구상의 대부분의 유기체들을 먹이로 섭취한다. 이 과정에서 거대한 사회적 전환이 있었는데, 그것이 바로 농업의 출현이다. 불안정했던 수렵과 채취 대신 일정한 장소에 뿌리를 내리고, 문명을 발전시킬 수 있는 농업을 통해 먹거리를 보장받게 된 것이다. 우리가 알고 있는 것처럼, 농업에 따른 생산력 증가는 인구의 증가와 다양한 사회발전을 낳았다.

그 과정에서 농업의 성격을 바꾸는 새로운 변화가 일어났다. 기술적으로는 산업혁명이 그것이고, 더 근본적으로는 자본주의의 발흥이다. 이 거대한 전환을 가능하게 했던 자원이 바로 화석연료이다. 대부분의 사람들이 산업혁명과 화석연료의 사용을 주로 공업과 연관시키지만, 그에 못지않은 큰 변화가 농업 부문에서도 진행되었다. "산업혁명에 따른 농업의 기계화가 토지의 개간과 경작을 가속화하고, 한 사람이 돌볼 수 있는 농지면적을 증가"시켰던 것이다(26쪽). 기계화, 화학비료, 농약 등을 활용한 현대적인 농업 혹은 산업형 농업이 오늘날 우리 먹거리 생산의 기반이 된 것이다.

파이퍼는 이러한 현대 농업의 특징을 녹색혁명에서 본다. 화석연료로 만든 비료, 농약, 관개시설, 기계화 등이 녹색혁명의 핵심이며, 이는 전통적인 농업에 비해 수십 배에 달하는 에너지를 소비한다. 녹색혁명형 농업은 농업 내의 불평등을 심화시켰고, 토지, 수질, 대기오염, 그리고 화학물질에 의한 건강상의 위해를 낳았다. 더 나아가 근본적으로 석유 에너지에 기반한 농업은 지속가능하지 않다. 왜냐하면 인류는 이미 석유정점에 도달했거나 근접하고 있기 때문이다. 경제적 채산성이 있는 석유 부존량은 점차 고갈되고 있다는 것이다. 이와 관련된 파이퍼의 예측은 다소 엇나가기도 하지만, 많은 에너지 전문가들이 석유나 천연가스의 한계점에 매우 근접해 있다는 데에 의견을 같이하는 것이 사실이다.

화석연료가 유한하다는 사실, 그리고 현대 농식품체계가

화석연료에 의존하고 있다는 사실은 파이퍼를 너무도 당연한 결론으로 이끈다. 현대 농업은 붕괴할 것이다. 많은 사람들이 받아들이고 간과하거나 받아들이고 싶어 하지 않지만, 석유가 공급되지 않는 순간 현대 농업은 위기에 처할 것이 자명하다. 파이퍼는 이러한 자신의 논지를 북한의 농업 위기를 통해 선명하게 펼친다. 북한의 농업 역시 화석연료에 의존하고 있었는데, 소비에트의 몰락에 따라 농약, 비료, 연료 등의 공급이 끊어지면서 만성적인 심각한 식량 위기에 처하게 된 것이다. 북한의 사례는 화석연료에 의존하고 있는 모든 국가의 농업에 준엄한 경고로 받아들여져야 한다는 것이 저자인 파이퍼의 입장이다.

그렇다면 희망은 없는가. 화석연료의 고갈이 급속하게 진행된다는 점에서 시간이 많지 않지만, 파이퍼는 대안의 가능성을 제시한다. 구체적인 사례는 바로 쿠바이다. 많이 알려진 바와 같이 쿠바는 미국의 제재와 소비에트의 몰락에 따라 북한과 유사한 식량위기 상황에 빠졌다. 하지만 쿠바는 정부의 정책, 과학자들의 개입에 의한 유기농법의 심화, 농업 생산조직의 개혁, 도시농업과 협동조합, 그리고 적극적 시민참여에 의해 식량위기를 극복할 수 있었다. 예상치 못한 정치경제적 위기 속에서 쿠바의 시민들은 다양한 개혁 노력을 통해 오히려 지속가능한 농업으로의 전환을 이뤘다는 것이 파이퍼의 해석이다. 북한과 쿠바의 사례를 통해, 저자인 파이퍼는 인류가 앞으로 어떤 선택을 할 것인가를 묻고 있다. 앞으로 다가올 식량위기는 근본적으로 화석연료의 고갈에 의한 구조적인 것으로 인류 전체의 생존과 관련되어 있다는 것이 파이퍼의 지적이다.

이 책의 마지막 부분에서는 구조적 위기에 대해 시민들이 풀뿌리 수준에서 할 수 있는 다양한 대안들을 소개하고 있다. 파이퍼는 정부나 기업들을 별로 신뢰하지 않는다. 기존의 구조 속에서 기득권을 유지하고, 근시안적 이익만을 추구하기 때문이다. 따라서 석유정점의 도래에 따라 다가올 식량위기를 넘어설 수 있는 대안들은 시민들에 의해 주도되어야 한다. 작지만 구체적인 대안들은 공동체 텃밭, 농민장터, 공동체지원농업, 협동조합 등이다. 구조적 위기에 대한 대안이 너무 소소한 것이 아닌가 하는 느낌이 들 수도 있다. 하지만 국가와 자본이 보여 준 체계 경직성과 경로(經路) 의존성을 고려할 때, 국가와 기업에게 변화를 기대할 수 없다는 것이 저자의 분명한 입장이다. 파이퍼는 시민들에 의한, 작지만 구체적인 대안들이 실질적 변화를 만들어 낼 수 있다고 믿는다.

먹거리가 너무도 풍성하고, 흔해진 세상이다. 《석유식량의 종언》은 풍성한 우리 식탁이 실제로는 얼마나 지속불가능한 것인지를 보여 준다. 이 불편한 사실을 겸허히 받아들이고, 새로운 대안을 모색하지 않으면 식량위기는 피할 수 없는 현실이 될 수 있다. ■ **김철규**

석유식량의 종언

전 지구적 기근은 예정된 미래다

초판발행 1쇄	2016년 12월 15일
지은이	데일 앨런 파이퍼
옮긴이	김철규 · 윤병선
펴낸곳	**고려대학교출판문화원**

www.kupress.com
kupress@korea.ac.kr
02841 서울특별시 성북구 안암로 145
02-3290-4230, 4232
Fax 923-6311

찍은곳	(주)동화인쇄공사

ISBN 978-89-7641-880-7 03330

값 14,000원

* 잘못 만들어진 책은 바꿔드립니다.